# 水利工程与水资源保护研究

宫明霞　王　兵　吕吉法◎　著

吉林科学技术出版社

图书在版编目（CIP）数据

水利工程与水资源保护研究 / 宫明霞，王兵，吕吉
法著. -- 长春 ： 吉林科学技术出版社，2023.7
　　ISBN 978-7-5744-0765-7

　　Ⅰ．①水… Ⅱ．①宫… ②王… ③吕… Ⅲ．①水利工
程－研究②水源保护－研究 Ⅳ．①TV②X52

中国国家版本馆 CIP 数据核字(2023)第 155280 号

## 水利工程与水资源保护研究

著　　　宫明霞　王　兵　吕吉法
出 版 人　宛　霞
责任编辑　张伟泽
封面设计　金熙腾达
制　　版　金熙腾达
幅面尺寸　185mm×260mm
开　　本　16
字　　数　280 千字
印　　张　12.25
印　　数　1–1500 册
版　　次　2023年7月第1版
印　　次　2024年2月第1次印刷

出　　版　吉林科学技术出版社
发　　行　吉林科学技术出版社
地　　址　长春市福祉大路5788号
邮　　编　130118
发行部电话/传真　0431-81629529 81629530 81629531
　　　　　　　　　81629532 81629533 81629534
储运部电话　0431-86059116
编辑部电话　0431-81629518
印　　刷　三河市嵩川印刷有限公司

书　　号　ISBN 978-7-5744-0765-7
定　　价　82.00元

# 前　言

　　资源短缺与环境污染是当今世界人类社会的突出问题，水资源与水环境首当其冲。水是人类及其他生物赖以生存的不可缺少的重要物质，也是工农业生产、社会经济发展和生态环境改善不可替代的极为宝贵的自然资源。然而，自然界中的水资源是有限的，随着人口的不断增长和社会经济的迅速发展，用水量在不断增加，排放的废水、污水量也在不断增加，水资源与社会经济发展、生态环境保护之间的不协调关系在"水"上表现得十分突出。水资源的不合理开发和利用不仅引起大面积的缺水危机，还可能诱发区域性的生态恶化，严重地困扰着人类的生存和发展。

　　水资源水环境问题正受到各界的关注和重视。合理开发与利用水资源，科学治理污水，加强水资源管理与保护已经成为当前人类维持环境、经济和社会可持续发展的重要手段和保证措施。水资源的保护和水污染的治理都是十分重要的内容，因此，写作一本相关著作具有重要的现实意义。

　　本书属于水利工程与水资源保护方面的著作。首先对水利工程的基础理论知识、水利工程施工技术进行了详细的阐述。其次全面介绍了水资源规划的主要内容、水资源的优化配置，全面介绍了水资源利用与保护的理论与方法，补充和完善了水资源开发利用工程，从根本上解决我国水资源问题；然后从水污染防治技术的最新发展和工程应用角度出发，对水污染治理的各种处理方法进行了较为深入的探讨；最后对水利工程中的水环境与水生态角度进行了仔细的剖析和解读，为我国生态水利学研究提供了较有价值的参考资料。

　　本书在写作过程中，参考和借鉴了国内外学者的相关理论和研究，在此深表谢意。由于时间紧迫，书中不足之处在所难免，恳请各位读者和同人提出宝贵意见，以便进一步修正提高。

# 目 录

# 第一章 水利工程

## 第一节 水利工程介绍

### 一、水利工程造价分析

水利工程造价是一项集经济、技术、管理于一体的学科，对水利工程的施工、竣工全过程起到管控作用。要有力地控制工程造价，减少建设资金的浪费，就要根据市场情况，制订出合理的工程造价计划，并且严格地按照计划实施。

#### （一）水利工程造价的主要影响因素

水利工程造价的主要影响因素有直接工程费亦即制造成本、间接费、利润及税金几部分构成。工程造价的管理内容涉及工程的建设前期、建设中期和建设后期等全方面，与工程项目的各个阶段和环节密切相关，并且容易受到各种外部情况的影响。施工阶段是水利项目消耗资金的重要环节，对施工过程进行工程造价管理，有利于保证工程质量、降低施工成本、保证施工进度，因而有必要对水利工程造价的施工阶段进行造价控制，在保证施工质量的情况下有效降低成本，保证进度，使水利工程的建设有序进行。

#### （二）水利工程造价的发展现状

##### 1. 信息时效性影响造价管理

工程造价的信息资料包括各种造价指标、价格信息等资料，带有新时代的资源分享性能，分享的信息具有时效性和有效性。但是，由于市场体系中存在种种客观及主观原因，使信息资源分享的时效性与有效性无法得到保证，各地区的造价管理部门不能及时发布市场的价格信息，导致水利工程的工程造价管理人员对信息资料无法及时掌握和使用，使造价管理不符合市场的发展。这种情况极大地影响了造价文件的编辑质量，给水利工程进行造价管理带来不良影响。

## 2. 造价控制理念发展的不完全

目前，我国的水利工程建设事业缺乏科学的造价控制理念，很多水利工程建设企业仍旧将造价控制工作停留在预结算层面，使造价控制缺乏应对风险的应变能力，导致水利工程建设过程存在安全隐患，造成施工过程中成本增加或资源浪费的现象发生。在水利工程的建设过程中，由于缺乏对施工项目进行事前预算，导致施工过程中容易出现资金不足或资源浪费的现象。比如预算过高，导致工程原材料购买量过多，造成材料的浪费；如果预算过低，那么在施工过程中，将会出现由于成本不足使施工质量下降的情况，导致经常收到返工要求，使施工进度遭到拖延，耽误水利工程的建设与发展。所以要加强各个阶段的造价控制，集中对可能造成造价偏差的因素进行归纳总结，并提出相应的纠偏措施，并且制订合理的人力、物力以及财力的使用方案，确保工程实施过程中投资控制的合理性，保证工程整体取得良好的经济效益和社会效益。

## 3. 工程造价人员的素质有待提高

由于我国工程的施工人员普遍来自农村，所以综合素质普遍不高，而且管理人员缺乏一定的管理能力，导致工程建设项目的施工过程中容易出现管理方面的问题，如工程量清单及工程设计变更增加的现象。这些问题的出现给工程造价带来一定的影响，使工作难度增加，从而导致工程结算额超出预期额度。

## （三）完善水利工程造价管理的策略

### 1. 建立健全水利工程造价管理体系

首先，在制定水利工程造价管理体系之前，先加强水利工程各部门之间的联系，协调好各部门之间的关系，确保各部门之间沟通紧密，从而使得水利工程造价管理制度能够贯彻到单位内部，使管理更加有效。其次，要完善水利工程造价管理体系，首先要从制定水利工程造价管理制度开始，建立健全工程造价的管理体系，制定相应的监督管理制度，对水利工程造价进行优化，确保水利工程造价管理工作更好地进行。

### 2. 在项目开始前进行合理预算

在水利工程项目开始施工之前，开展造价管理的工作，对项目工程做出合理预算。在进行预算核算时，要减少资源浪费，减少移民搬迁数量，降低移民安置难度，采用新工艺、新材料，以经济效益最优的方法选择方案，有效减少施工成本。还要加强筹划资金的工作，充分评估资本金、借贷资金比例变化对降低资金使用成本的影响，优化工程造价的资金预算工作。

## 3. 对项目实施过程进行动态控制

水利工程项目建设周期一般比较长，在工程施工时一般容易出现材料价格与预期的数值有偏差，使工程造价存在误差。比如钢结构材料近年来价格波动比较大，而且在水利工程项目施工中要大量用到钢结构材料，对水利工程造价总额会造成较大影响，这就要求我们及时整理相关材料价格调整的资料，结合最新的市场信息进行分析，尽可能预测和分析各种动态因素，有效防止价格风险，使造价动态管理作用于水利工程施工的全过程。

## 4. 提高工程造价管理人员的专业素质

在工程造价的管理进行时，由于缺少专业型的工程造价管理人才，导致工程造价工作无法得到发展，所以要对参与工程造价的工作人员进行定期的培训，提高工程造价制定的科学性。还要加强管理人员的管理培训工作，使水利工程的管理效果得到强化，促进水利工程造价企业的良好发展。

综上所述，水利建设工程是我国水资源分配的一个重要内容，随着我国经济的不断发展和综合国力的上升，国家也逐渐加大对水利建设的投资。水利工程造价管理是进行水利工程建设的第一步，对项目施工的事前、事中、事后阶段进行造价管理，有利于实现各个程序间的合理控制及工程施工成本的减低，有利于促进水利工程建设的科学、有序进行，对推动我国的经济发展和基础设施建设有着重要意义。

# 二、水利工程测量技术

随着我国市场经济不断的发展，衍生出了很多新型行业技术，其中水利工程项目也不断增多，因而也要求水利工程探测技术向网络化、自动化的方向发展，换句话说，随着我国经济的不断发展，对水利工程测量技术水平的要求也在不断提高。本书对水利工程测量技术的发展应用以及提升对策进行了简要的分析，希望这些对策可以在水利工程测量技术的实际应用中起到良好的效果。

通过对我国当前的市场经济进行分析可以发现，水利工程在我国国民经济中占有重要的比例，它的重要性不言而喻。但是，由于许多外界因素的影响，导致水利工程项目的市场竞争十分严峻。为了能够在残酷的竞争中脱颖而出，有些企业就会降低招标的金额，然后在水利工程建设过程中使用劣质的材料，导致水利工程的质量存在很大的问题，所以，对水利工程的质量进行测量就显得十分重要。针对水利工程测量的各种要求发展出了多种多样的测量技术，通过检测及时查验出水利工程质量的不合格之处，对一些不符合标准之处及时采取有效措施改正，通过合理地使用测量技术来不断提高水利工程的质量，这不仅可以让企业的利益达到最大化，也在很大程度上影响着我国测绘事业的发展。

## （一）水利工程测量技术的发展分析

### 1. 数字化

目前，在水利工程测量中应用的数字测量技术种类有很多，比如网络技术、计算机技术、信息技术等都在水利工程测量技术中得到了很好的应用，这就对测量技术在数字化应用上有了更高的标准和要求。通过使用数字技术可以更有针对性地对需要的区域进行标记，甚至形成更直观的、更专业的地形图，测量技术的数字化应用可以提高水利工程中测绘成图这一过程的效率，也使水利工程的质量得到了一定的提升。随着数字化的发展，水利工程测量技术在一定的程度下改进了传统的测绘方式，并且在网络技术的作用下还可以很明显地提高数据的传输速率，缩短了水利工程测量的时间，也可以在信息技术的协助下进行成比例地缩放地形测量图，实现水利工程对测量环节的诸多需求。

### 2. 自动化

为了测量到更多的真实数据，最终为水利工程提供全面的勘测数据，水利工程测量技术的自动化发展是其必然的趋势。这种自动化测量技术的应用可以对目标区域进行 24 小时的全天监控，可以随时在数据系统中抽调数据，满足了水利工程对于测量数据的各种需求。目前对于测绘技术自动化发展过程中最有意义的一项突破就是与"3S"技术联合使用，通过在测绘技术中使用"3S"技术可以不用接触实际工程对象就可以获得所需要的测量数据，还可以对这些数据进行信息处理，自动对数据进行识别、分析，对达不到标准的数据及时地进行报警。这两项技术的联合应用，可以在很大程度上简化测量工作中的一些环节，减少了人们的工作，也避免了许多人为操作带来的误差，进而更好地根据水利工程测量工作的需求进行测绘工作，为水利工程的质量打下良好的基础。

## （二）工程测量技术的应用分析

### 1. GPS 测量技术

GPS 全球定位测量技术是通过卫星技术对施工作业目标物体进行定位的一种方法。GPS 技术通常被人们分为动态定位测量和静态定位测量两种，根据水利工程中的实际测量需要采用合适的测量技术。静态定位测量是以前常用的一种测量技术，因为它的操作比较简单，主要是通过 GPS 接收机对作业地点进行测量，虽然获得的数据比较准确、快速，但是这种技术多被用于较大规模的建筑测量，不适于小规模的建筑测量。动态定位测量才是我国现阶段最为常用的测量技术，它的优点就在于这种技术可以适应多种环境，在大型、中型工程中都可以使用此种测量技术，在一些环境比较恶劣的地点，如野外也可以利用这种技术，并且通过使用动态测量技术获得的数据也比较精确，是目前应用范围最广的一种测量技术。GPS测量技术操作简单，对工作人员的要求不高，工作人员只要会使用测量仪器，就能得到所需要的数据，所以可以在很大程度上缓解工作人员的压力，也在一定程度上保证了测量数据的真实性。

## 2. 摄影测量技术

摄影测量技术是把摄像技术与数学原理融合到一起来进行测量的一种方法，简单来讲，就是通过摄影技术把之前测量得到的数据以图片的方式表现出来，再根据数学原理对图片的内容数据进行分析处理，在线路测量中经常可以看到摄影测量技术的身影。摄影测量技术常常被用在地形复杂、结构不明朗、测量地点面积大的区域。遥感测量技术是所有技术中应用范围最广、使用价值最高的一种测量技术，因为这种技术在多光谱航空领域中也可以使用，获得的数据的准确性也十分高，并且数据也很全面。在使用遥感测量技术开展多光谱航空测量时，负责拍照的工作人员要具备一定的专业素养，通过RS测量方法对取得的数据进行研究分析，最后将数据资源在实际工作中进行应用。遥感测量技术的应用较大程度上提高了测量工作的质量。

## 3. 变形监测技术

变形监测技术主要是使用全站仪设备来进行测量的一种测量方法，全站仪的工作原理主要是将检测目标的范围压缩在一定的空间内，根据立体式监测方法保证测量数据的准确，这也保证了使用变形监测技术测量数据的准确性。并且这项技术在使用过程中性价比较高，一些经济实力较为落后的边远地区，采用变形监测技术较多。另外，变形监测技术要求在测量的整个过程中都要实现全自动化的运作，这样保证了工作人员在工作过程中的安全，也避免了一些人为的测量误差，最终可以有效地监测出测量数据，保证了测量环节的工作进度。但是变形监测技术也有其不能避免的缺点，准确来说就是测量周期较长。

## 4. 数字测量技术

数字测量技术是通过把电子仪表、ERP系统和全站仪组合到一起联合使用，然后针对目标区域进行数据信息收集，换句话说，数字测量技术不仅通过数字进行反馈和分析处理，它主要是通过使用多种数据处理系统与仪器共同进行数据分析的一种测量技术。对于目前我国工程测量技术来说，数字测量技术是其中比较新型、比较先进的测量技术。在一些工程中，由于环境的影响，如一些比例尺较大的工程图纸中，在录入输入方面就存在一定的困难，但是若使用数字测量技术，就可以在很大程度上解决这一问题，突破了传统的工程测量技术的局限。而且工程测量的工作人员可以根据工程中实际的情况使用一些方法，在保证工程质量的条件下，加快数字处理的速度。简而言之，数据测量技术的使用依托于水利工程建设时收集的数据信息，所以在使用数字化测量技术之前就应建立一个内含庞大数据信息的数据库，在科技信息日新月异的大数据时代，这早已不再是一个问题。庞大的数据信息的支持，保证了数字化测量技术的准确性。

## （三）提升施工质量控制的对策

### 1. 科学管理测量技术的过程

每一项水利工程项目的实施都是不可复制的，因为水利工程的建设要考虑地理环境、气候、温度等多方面因素的影响，根据这些因素制订合适的施工方案。所以不同的水利工程在进行工程测量的时候就要合理地应用适宜的测量技术，在测量工作开始之前要通过一些方法对各种影响因素进行有针对性的分析，然后根据这些分析结论选择更为合适的测量技术手段。与此同时，在现代社会不断发展的同时也要注重测量技术的未来发展，若将数字化、信息化的新型技术应用到测量技术中去，一定会提升测量技术测量数据的输出效率和可信赖性，这样才能做好水利工程各个环节的设计和施工方案，为水利工程的质量打下良好的基础。

### 2. 强化测量施工人员管理，提升测量施工质量

对于有些测量技术来说，可能对工作人员的专业能力要求不高，但是有些技术对于工作人员的专业程度要求很高。因此负责水利工程测量的工作人员必须掌握基础的测量方法和对相应的测量设备的正确熟练的使用方法，只有详细掌握测量技术和方法，才能对临时突发的各种状况采取有效的处理办法。

测量的工作人员必须能看懂图纸，并对正在施工的设计图纸要十分熟悉。因为只有熟悉水利工程的设计图纸，才能明确该项水利工程的设计思路、设计结构和其未来的作用，才会根据设计图纸选择更为合适的测量技术和测量设备。

### 3. 强化测量仪器的管理，保障施工效果

在水利工程实际测量环节，测量技术人员必须正确地按照规范操作各种设备，并且对于这些设备要定期地进行维修保养。因为工作人员操作不当或是仪器精度不够灵敏，都会导致获得的测量数据存在较大的偏差，哪怕只是小小的偏差对于整个工程质量的影响都是巨大的，所以，测量技术人员必须做到：

①在设备安装过程中要选择较为平坦、土壤质地较硬的区域安装测量工具，并做好固定工作，避免在以后的工作之中由于人为的因素造成水利工程质量的大幅度降低；

②在使用工具进行测量工作时一定要注意保证设备的安全，在移动过程中一定要轻拿轻放，避免设备的损坏；

③设备在使用后一定要注意保养，在一定时间内查找设备可能存在的问题，及时解决。

简而言之，水利工程中的测量技术在整个水利工程施工过程中的重要性是不言而喻的。若想要水利工程的质量得到保证，水利工程也能稳步地推进，就要求水利工程测量技术要不断地进行提高和优化。并且要在水利工程施工过程中建立明确的管理制度，明确各个主体在施工中的权利和责任，监测整个工程中每一个环节的数据，掌握整个工程中每一个环节的质量，最终保障人民的生命财产安全，使水利工程的效益得到最大化。

## 三、水利工程勘察选址

随着国民经济的快速发展，各方面的需求也在迅速增长，水利工程是我国的重点工程，与区域经济有着非常密切的关联。近年来，我国水利工程勘察选址技术日渐成熟，在保证勘察技术先进性的同时，勘察人员综合素质也得到了普遍提高。但是，从当前水利工程勘察选址工作情况来看，仍然有不少问题需要解决，其中，最重要的是对水利工程选址分析不深入、不具体，甚至存在错误选址问题，严重阻碍了水利工程顺利建设。因此，要了解水利工程勘察选址工作的重要性，以便更好地提高水利工程质量，让水利工程建设发挥出应有的作用。

### （一）水利工程勘察选址工作概述

#### 1. 意义

水利工程勘察选址工程通过先进的勘察手段获取施工区域水文、地质等方面的信息，为后续工程建设提供基础。主要勘察手段包括采样勘探、坑地勘探、钻井勘探、遥感监测等，要结合现场实际情况来确定勘察方式。通过分层开展水利工程勘察选址工作，对施工区域水文、地质信息进行深入了解，分层次开展勘察工作。在勘察选址设计阶段应准确了解施工区域的水域、环境等内容，掌握这部分区域的灾害状况、地质信息，然后，对施工区域地质结构、环境因素、灾害预估等问题进行分析、探究，确保水利工程设计能够有效落实，在此基础上进一步完善水利工程初始设计，结合施工区域实际情况，合理控制施工技术、工艺、装备，促进水利工程选址勘察质量的提升。

#### 2. 作用

水利工程勘察选址不同于其他建筑，工作更为复杂。在水利工程建设过程中，部分建筑要建于地下，并长期承受地下水流和周边外力的冲击，在建筑使用过程中会对周边水文、地质条件产生影响，甚至会导致不稳定因素的出现，严重影响水利工程的整体稳定性。因此，要重视水利工程勘察选址工作，必须实地对施工区域进行全面勘察，对可能存在的各类灾害性因素进行评估，提出必要的方法措施，确保水利工程建设顺利开展。

## （二）水利工程勘察选址中须关注的问题

### 1. 环境方面

水利工程勘察选址工作过程中要关注工程对于周边环境带来的影响，在勘察选址过程中要采取有效手段预测、分析工程建设可能出现的弊端，而且由于不同区域的水文、地质环境存在较大差异，还具有显著的区域特性。因此，不同施工条件、不同工程项目、不同建设区域的水利工程勘察选址所面对的环境因素都是各不相同的，而且在水利工程建设完成后会改变周边区域气候，造成该部分区域的水流、气候、生态环境等要素发生变化，所以，在水利工程勘察选址过程中要关注环境方面的问题。

### 2. 水文方面

水利工程建设会影响施工区域水文状况，一般情况下，水利工程会在汛期储存大量水资源，在非汛期还会对水资源进行调配，容易造成周边地下水位的下降，进而影响周边河流及生态环境。河流水流量的降低会造成河流自净能力的减弱，严重时会造成水质恶化显著。

### 3. 质量方面

水利工程勘察选址工作过程中要选择适宜的计算方法、理论进行数据计算，力争减小与实际情况之间的差距，针对各理论公式要灵活运用，采用理论与实际相结合的方式进行处理。在形成水利工程勘察选址报告时，要确保内容丰富，将选址地点的各类优势、弊端进行详细分析，现场实际考察要确保全面，各项内容的论证要保证清晰、完善；在选址报告中还要对施工区域的整体进行可行性分析，力争一次性通过审查，避免延误工期的情况出现。

### 4. 技术方面

不同地区的水文、地质、气候、环境等条件都是不同的，会给水利工程的勘察选址工作造成一定困难。受当地条件影响，各类技术活动有时无法有效展开，因此，要在水利工程勘察选址工作开展前制订详细计划，以科学技术作为指导，结合工程现场实际情况，分析选择区域的人口、地质、水文、环境等要素，因地制宜，努力保障水利工程勘察选址报告的科学性、合理性、有效性。

### （三）水利工程勘察选址工作的主要内容

自然条件下能够为水利工程提供完美地址的较少，特别是对地质条件要求高的工程项目，更无法彻底满足水利工程建设要求。水利工程建设的最优方案本质上是一个比选方案，在水文、地质等条件上依然会存在一些缺陷，这就要求在进行水利工程建设选址时，要综合多种因素，选择能够改善不良条件的处理方案，对于地质条件差、处理难度高、投资高昂的方案要首先否决。在此基础上从区域稳定性、地形地貌、地质构造、岩土性质、水文地质条件、物理地质作用、工程材料等几方面来开展水利工程的勘察选址工作。

#### 1. 区域稳定性

水利工程建设区域的稳定性意义重大，在需要建设的区域，要重点关注地壳和场地的稳定性，特别是在地震影响较为显著的区域，要慎重选择坝址、坝型。在勘察过程中，要通过地震部门了解施工区域的地震烈度，做好地震危险性分析及地震安全性评价，确保水利工程建设区域稳定性能够满足工程建设的最终要求。

#### 2. 地形地貌

建设区域的地形地貌会对水利工程坝型的选择产生直接影响，还会对施工现场布置及施工条件产生制约。一般情况下，基岩完整且狭窄的"V"形河谷可以修建拱坝；河谷宽敞地区岩石风化较深或有较厚的松散沉积层，可以修建土坝；基岩宽高比超过2的"V"形河谷可以修建砌石坝或混凝土重力坝。建设区域中的不同地貌单元、不同岩性也会存在差异，如河谷开阔区域存在阶地发育情况，其中的二元结构和多元结构经常会出现渗漏或渗透变形的问题，因此，在进行工程方案比选时要充分了解建设区域的地形地貌条件。

#### 3. 地质构造

水利工程建设期间地质构造对于工程选址的重要性是不言而喻的，若采用对变形较为敏感的刚性坝方案，地质构造问题更为重要，地质构造对于水坝坝基、坝肩稳定性控制有非常直接的作用。在层状岩体分布的区域，倾向上下游的岩层会存在层间错动带，在后期次生作用下会逐步演变成泥化夹层，在此过程中若其他构造结构面对其产生切割作用会严重影响坝基的稳定性，因此，在选址过程中必须充分考虑地质构造问题，尽可能选择岩体完整性较好的部位，避开断裂、裂隙强烈发育的地段。

#### 4. 岩土性质

水利工程建筑选址过程中要先考虑岩土性质，若修建高大水坝，特别是混凝土类型的水坝，要选择新鲜均匀、透水性差、完整坚硬、抗水性强的岩石来作为水坝建设区域。我国多数高大水坝建设在高强度的岩浆岩地基上，其他的则多是建设在石英岩、砂岩、片麻岩的基础上，在可溶性碳酸盐岩、强度低易变形的页岩和千枚岩上建设得非常稀少。在进行水利工程建设过程中要结合工程实际情况，对不同类型、不同性质的岩土进行有效区分，确保水利工程后续施工顺利开展。另外，在进行坝址选择时，对于高混凝土坝来说，坝体必须建设在基岩上，若河床覆盖层厚度过大，会增加坝基开挖工程量，会出现施工现场条件较为复杂的情况。因此，在其他条件基本相同的情况下，要将坝址选在河床松散覆盖层较薄的区域，若不得不在覆盖层较厚的区域施工，可以选择土石坝类型进行建设。

对于松散土体坝基情况，要注意关注渗漏、渗透、变形、振动、液化等多种问题，采取有效措施避免软弱、易形变的土层。

### 5. 水文地质条件

在岩溶地区或河床深厚覆盖层区域进行选址时，要考虑建设区域的水文地质条件。从工程防渗角度考虑，岩溶区域的坝址要尽量选择在有隔水层的横谷且陡倾岩层倾向上游的河段进行建设。在建设规划过程中还要考虑水库是否存在严重的渗漏隐患，水利工程的库区最好位于两岸地下分水岭较高且强透水层底部，有隔水岩层的纵谷处，若岩溶区域的隔水层无法利用时，要仔细分析地质构造、岩层结构、地貌条件，尽量将水利工程选在弱岩溶化区域。

### 6. 物理地质作用

影响水利工程选址的物理地质作用较多，如岩溶、滑坡、岩石风化、崩塌、泥石流等情况，根据之前水利工程建设经验，滑坡对选址的影响最大。在水利工程建设期间，选址在狭窄河谷地段能够有效减少工程量，降低工程成本，但狭窄河谷地段岸坡稳定性一般较差，要在深入勘察的基础上慎重研究该种实施方案的可行性。

### 7. 工程材料

工程材料也是影响水利工程选址的一个重要因素。工程材料的种类、数量、质量、开采条件及运输条件对工程的质量、投资影响很大，在选择坝址时应进行勘察。水库体施工常常需要当地材料，坝址附近是否有质量合乎要求，储量满足建坝需要的建材，都是水利工程选址时应考虑的内容。

水利工程勘察选址工作意义重大，随着科学技术的不断进步，先进设备的不断增加，为水利工程勘察选址奠定了良好基础，水利工程建设人员能够在勘察选址工作中获取更为准确的参考资料。同时，人们要认识到水利工程勘察选址工作复杂、难度大，在实际工作过程中，要全面分析工程建设的利弊，利用好各种现代勘测设备，确保水利工程勘察选址工作的科学化、合理化、现代化，为水利工程建设质量的提升提供良好保障。

## 四、水利工程质量监督

我国历来是一个重视水利治理的国家，五千年的农业文明也为水利的兴建提供了丰富的经验，大到黄河、长江的治理，小到沟渠、河流的整治，都汇聚了无数劳动人民的智慧。近年来经济的突飞猛进为水利建设的巨大投入提供了有力的保障，水利工程的建设也进入到前所未有的新阶段，而水利工程质量的监督，也更加复杂和重要。

### （一）水利工程质量监督的特征

#### 1. 复杂性

水利工程建设往往涉及的范围比较广，小到一个村庄，大到一个国家，甚至多个国家联合。例如长江三峡工程，作为一项划世纪的工程，倾全国之力进行，横跨数省造福上亿人口，库区迁移百姓上百万。这样的大工程往往建设周期很长，需要数年的时间，建设范围较大，各种复杂的水文、地势地貌都会出现，施工条件艰苦，施工难度大，这样的工程监督起来更加困难。而由于工程浩大、工期很长，需要很多部门间的配合和协作才能完成监管，不能让工程质量存在一点问题，这就更增加了工程的复杂性。

#### 2. 艰巨性

水利工程是一种关乎百姓生计、关乎国计民生的大问题，其安全与否不仅影响到水利工程的运行效率、经济效益、防洪防涝抗旱的社会效应，一旦出现安全问题还会对人民的生命财产安全造成严重损害。水利工程的复杂性决定着其在监管方面任务的艰巨性，一个小的质量漏洞而监管没有到位就有可能造成一次大坝的泄漏甚至决堤，就会造成成百上千甚至几万人的生命财产安全受到威胁。同时，水利工程的重要性要求对施工材料的质量把控严格，这使得水利工程的监管要拉长战线，对施工设计到的每个环节都要把控，对监管提出更艰巨的要求。

#### 3. 专业性

水利工程的复杂性和艰巨性注定了进行水利工程的监管需要很强的专业性。就水利工程来说，不光有水力发电站、水库等中等规模项目，也有航运、调节地区用水等大规模工程，还有净水站、灌溉渠等小规模工程。工程的类型不一样，对质量的要求就不一样，对监管人员的专业要求更是不一样，这就要求监管人员具备较强的水利专业知识，能够监督好、评价好工程的实际质量，在施工方案、施工条件、施工材料等多个方面为施工提供保障，保证工程安全、高效地有序进行。

## （二）提高水利工程质量监督的措施

### 1. 完善法律法规

完善的法律体系是提高水利工程质量监管的有力武器。完善法律法规，在监管层面让法律更细致一些，既有利于当时的监管执法，也能持续追责，有法可依，违法必究，不论早晚，让违法者付出代价。

### 2. 加强监管力度

有效的监督是减少水利工程质量问题的重要手段。正如我们目前正在全国上下营造出的"打虎拍蝇"氛围一样，对于水利工程的质量监管也要形成这种威慑力量，要有决心、有恒心来下大力气加强监管的力度，这直接影响到水利工程的质量安全。一方面，要形成舆论氛围，从意识上认识到水利工程监督的重要性和放松监管的严重后果，让责任人真正负起责任，不敢马虎，不能大意；另一方面，监管部门要加强监管的实际行为，积极参与到水利工程的施工过程中，严把质量关，以身作则，在各个环节进行风险控制和验收，及早发现问题，勇于揭露问题，将违规、违法的损失减小到最少。同时，监管、验收过程中不可避免地会出现"得罪人"的事情，这要求监管人员有高度的责任心，不敢对违法漠视，不敢不作为，充当老好人。

### 3. 形成网格监管

监管从来都不是单一的，水利工程的质量监督更不应该是一次验收、一种监管。就监管渠道来说，要实行第三方检测，通过与施工方毫无关联的一个公信力比较好的第三方检测机构的检测，才能对施工做出更公正的结果。同时对这一第三方机构进行定时、不定时的抽查，看其曾检测过的工程是否有问题，一旦查实问题要有严格的清退、惩罚机制，让第三方机构不敢寻租。就责任划分来说，要建立"工程责任人—监管人—参与单位责任人—设计单位责任人"的相互监督的局面，拓展监管举报渠道，提高办事效率。只有形成这种网格式的监管格局，才能更有效地对水利工程的质量进行监管。

## 五、水利工程节能设计

近年来，水利工程在我国得到了很大的发展，水利工程是综合性较强的项目，虽然给人们生活带来了方便，但是对自然环境的损害也不容忽视。因此，综合考虑生态因素，在水利工程建设中重视水利工程的节能应用是非常有必要的。随着我国社会经济的快速发展，水资源紧缺问题变得越来越明显，水利工程的节能设计受到了高度重视，依靠先进的科学技术降低水资源的能耗是非常关键的。本节结合实际情况，对水利工程节能设计要点进行了具体的分析探讨，引入生态节能的水利工程概念，兼顾各个方面的影响因素，制定了相应的节能控制措施，使水利工程节能设计更加合理化，保持水利工程建设与生态环境的平衡，促进水利工程作用的充分发挥。

水利节能要贯穿到工程前期设计的各个环节，因此，在工程设计中，要充分地考虑到水利节能的理念，做好可行性研究及初步设计概算等。在节能设计还要结合当前的相关规定，对工程能耗进行分析，结合工程的实际情况进行合理的选址，真正体现出水利工程建设节能的宗旨，实现人、水资源的和谐共处，共同发展。

## （一）优化水利工程选址设计

设计修建水库方案时，选址是至关重要的环节，要充分地考虑库址、坝址及建成后是否需要移民等各种因素。因此，在不考虑地质因素的情况下，不要忽视以下三点：一是在水利工程区域内一定要有可供储水的盆地或洼地，用来储水。这种地形的等高线呈口袋形，水容量比较大。二是选择在峡谷较窄处兴建大坝，不但能够确保大坝的安全，还能够有效减少工程量，节省建设投资。三是水库应建在地势较高的位置，减少闸门的应用，提升排水系统修建的效率。此外，生态水利工程在建址时，不要忽视对生态系统的影响，尽量减少建设以后运行时对生态系统造成的不利影响。

## （二）水利工程功能的节能运用

### 1. 利用泵闸结合进行合理布置，提高水利工程的自排能力

在水利工程修建设计中在泵站的周边修建水闸来使其排水，即泵闸结合的布置，在水位差较大的情况下进行强排，不但能够节约能源，还能降低强排时间。另外，选择合理的水闸孔宽和河道断面，提高水利工程的自排能力，利用闸前后的水位差，使用启闭闸门，达到排涝和调水的要求。

### 2. 使用绿化景观来增强河道的蓄洪能力，合理规划区域排水模式

为了减少占地面积，在水利工程防汛墙的设计中，可以采用直立式结构形式。在两侧布置一定宽度的绿化带，使现代河道的修建不但能够提高河道的蓄洪能力，还能满足对生态景观的要求。在设计区域排水系统时，可将整个区域分成若干区域，采取有效的措施，将每个区域排出的水集中到一级泵站，再排到二级排水河道里，最后将水排到区域外，达到节能的效果。

### 3. 实行就地补偿技术，合理地进行调度

受地理环境的因素影响，一般选择低扬程、大流量的水泵，电动机功率比较低，要将功率因素提高可以采用无功功率的补偿。因此，在泵站设计时可以采用就地补偿技术，将多个电动机并联补偿电容柜，满足科学调度的需求，实现优化运行结构的需求。

## （三）加强水利工程节能设计的有效措施

### 1. 建筑物设计节能

我国建筑物节能标准体系正在逐渐完善，比如在水电站厂房、泵站厂房等应用建筑物设计节能技术。在工程建设中可以采用高效保温材料复合的外墙，结合实际情况，采用各类新型屋面节能技术，有效控制窗墙面积比。研究采用集中供热技术、太阳能技术的合理性和可行性，减少能源消耗。水电站厂房可以利用自然通风技术，减少采光通风方面的能源消耗。

### 2. 用电设备的节能设计

选择合适的用电设备达到节能的具体要求。在水泵的选择上应正确比较水泵参数，全面考虑叶片安放角、门径和比转速等因素。在水利工程用电设备的节能设计时，可以采用齿轮变速箱连接电动机和水泵的直连方式，即提高效率又节约成本。按照具体专项规划的要求，主要耗能设备能源效率一定要达到先进水平。

### 3. 水利泵站变压器的节能设计

在设计的水利泵闸工程中，应该设置专用的降压变压器给电动机供电，来节省工程投资成本，为以后的运行管理提供方便，选择适合的电动机，避免出现泵闸电动机用电量较大的情况。选择站用变压器，避免大电机运行时带来的冲击。

当前人们越来越重视对环境的保护，生态理念逐渐融入各行各业中去。在水利工程建设中节能设计是一个全新的论题，随着节能技术的快速发展，受到了越来越广泛的重视。这就需要在节能设计中，结合水利工程的实际情况与特征，严格按照国家技术规范和标准，有针对性地确定工程的节能措施，加大水利工程环节的节能控制，合理分析工程的节能效果，以水利工程设计更加科学化为前提，完善水利工程设计内容。

# 第二节 水利工程建设

## 一、基层水利工程建设探析

水是人类生产和生活必不可少的宝贵资源，但其自然存在的状态并不完全符合人类的需要。只有修建水利工程，才能满足人民生活生产对水资源的需求。水利工程是抗御水旱灾害、保障资源供给、改善水环境和水利经济实现的物质基础。随着经济社会持续快速发展，水环境发生深刻变化，基层水利工程对社会的影响更加凸显。近年来水利工程建设与管护工作出现一些问题，使得水利工程的正常运行和维护受到不同程度的影响。本文提出一些具体解决对策，希望可以促进各地基层水利工程建设不断规范有序发展。

### （一）水利工程建设意义

水利工程不仅要满足日益增长的人民生活和工农业生产发展需要，更要为保护和改善环境服务。基层水利工程由于其层次的特殊性，对当地发展具有更重要的现实意义。

#### 1. 保障水资源可持续发展

水具有不可替代性、有限性、可循环使用性以及易污染性，如果利用得当，可以极大地促进人类的生存与发展，保障人类的生命及财产安全。为了保障经济社会可持续发展，必须做好水资源的合理开发和利用。水资源的可持续发展能最大限度地保护生态环境，是维持人口、资源、环境相协调的基本要素，是社会可持续发展的重要组成部分。

#### 2. 维持社会稳定发展

我国历来重视水利工程的发展，水利工程的建设情况关乎我国的经济结构能否顺利调整以及国民经济能否顺利发展。加强水利工程建设是确保农业增收、顺利推进工业化和城镇化、使国民经济持续有力增长的基础和前提，对当地社会的长治久安大有裨益，水利工程建设情况在一定程度上是当地社会发展状况的晴雨表。

#### 3. 提高农业经济效益和社会生态效益

水利工程建设一定程度上解决了生活和生产用水难的问题，也提高了农业效益和经济效益，为农业发展和农民增收做出了突出的贡献。在水利工程建设项目的实施过程中，各级政府和水利部门越来越注重水利工程本身以及周边的环境状况，并将水利工程建设作为农业发展的重中之重，极大地提升了当地的生态效益和社会效益。

## （二）水利工程建设问题

### 1. 工程建设大环境欠佳

虽然水利工程对当地农业发展至关重要，相关部门也都支持水利事业的发展，但是水利工程建设整体所处大环境欠佳，起步仍然比较晚，缺乏相关建设经验，尽管近几年水利工程建设发展在提速，但整体仍比较缓慢。

### 2. 工程建设监督机制不健全

水利工程建设存在一定的盲目性、随意性，致使不能兼顾工程技术和社会经济效益等诸多方面。工程重复建设多以及工程纠纷多，造成了水利工程建设中出现规划无序、施工无质以及很多工程隐患等问题。工程建设监督治理机制不健全导致建设进度缓慢、施工过程不规范、监理不到位，最终表现在施工中存在着明显的质量问题，严重影响了水利工程有效功能的发挥，没有起到水利工程应该发挥的各项效用。

### 3. 工程建设资金投入渠道单一

水利工程建设管理单位在防洪、排涝、建设等工作中，耗费了大量的人力、物力、财力，而这些支出的补偿单靠水费收入远远不够。尽管当前各地政府都加大了水利工程的建设投入，但对于日益增长的需求，水利工程仍然远远不足。我国是一个农业大国，且我国的农业发展劣势很明显，仍然需要国家大力扶持和政策保护以及积极开通其他融资渠道。

### 4. 工程建设标准低损毁严重

工程建设质量与所处时代有很大关系，受限于当时的技术、资金条件，早期水利工程普遍存在设计标准低、施工质量差、工程不配套等问题。特别是工程运行多年后，水资源的利用率低、水资源损失浪费严重、水利工程老化失修、垮塌损毁严重，甚至存在重大的水利工程安全隐患。这些损毁问题的发生，与当初工程建设设计标准过低关系很大。

### 5. 督导不及时，责任不明确

抓进度、保工期是确保工程顺利推进的头等大事。上级领导不能切实履行自身职责，不能做到深入工程一线、掌握了解情况、督促检查工程进展。各相关部门不敢承担责任，碰到问题相互推诿、扯皮、回避矛盾，不能积极主动地研究问题和想方设法去解决问题。对重点工程，上级部门做不到定期督查、定期通报、跟踪问效，对各项工程进度、质量、安全等情况，同样做不到月检查、季通报、年考核。

### 6. 工程建设管理体制不顺畅

处于基层的水利工程管理单位，思维观念严重落后，仍然沿用粗放的管理方式，使得水资源的综合运营经济收益率非常低。水利工程管理体制不顺、机制不活等问题造成大量水利工程得不到正常的维修养护，工程效益严重衰减，难以发挥工程本身的实际效用，对工程本身造成了浪费，甚至给国民经济和人民生命财产安全带来极大的隐患。

### 7. 工程后期监管力量薄弱

随着社会经济的高速发展，水利工程建设突飞猛进，与此同时，人为损毁工程现象也屡见不鲜。工程竣工后正常运行，对后期的监管更多地表现出来的是监管乏力，捉襟见肘。监管不力，主要原因是管护队伍建设落后，缺乏必要的监管人员、车辆、器械等，执法不及时、不到位也是监管不力的重要原因。

## （三）未来发展探析

做好基层水利工程建设与管理意义重大，必须强化保障措施，扎实做好各项工作，保障水利工程正常运行。

### 1. 落实工作责任

按照河长制、湖长制工作要求，要全面落实行政首长负责制，明确部门分工，建立健全绩效考核和激励奖惩机制，确保各项保障措施落实到位。通过会议安排以及业务学习等方式，使基层领导干部深刻地认识到水利工程建设的重要性和必要性，不断提高对水利工程的认识，积极主动推进水利工程建设，为农田水利事业的发展打下坚实的基础。

### 2. 加强推进先进理念

采取专项培训和"走出去、请进来"等方法，抓好水利工程建设管理从业者的业务培训，开阔眼界，提高业务水平。积极学习周边地区先进的水利工程建设办法、管护理念、运行制度。此外，工作人员还要自觉提高自身的理论和实践素养，武装自己的头脑，丰富自身的技能，为当地水利工程建设管理提供强有力的理论和技术支持。

### 3. 加大资金投入及融资渠道

基层政府要提前编制水利工程建设财政预案，进一步加大公共财政投入，为水利工程建设提供强有力的物质保障。积极开通多种融资渠道，加强资金整合，继续完善财政贴息、金融支持等各项政策，鼓励各种社会资金投入水利建设。制定合理的工程建设维修养护费标准，用多种形式对水利工程进行管护，确保水利工程能持续有序地发挥水利效用。

### 4. 统筹兼顾，搞好项目建设规划

规划具有重要的现实指导和发展引领作用，规划水平的高低决定着建设质量的好坏。因此，规划的编制要追求高水平、高标准，定位要准确，层次也要高。在水利工程规

划编制过程中，既要与基层的总体规划有效衔接，统筹考虑，又要做出特色，打造出亮点。对短时间难以攻克的难题，要做长远规划，一步一步实施，一年一年推进，不能为了赶进度，就降低了规划的质量。

### 5. 抓好工程质量监管，加快建设进度

质量是工程的生命，决定着工程效用的发挥程度。相关部门对每一项工程、每一个工段都要严格按照规范程序进行操作，需要建设招标和监理的要落实到位，从规划、设计到施工每一个环节都要按照既定质量标准和要求实施。加快各个项目建设进度，速度必须服从质量，否则建设的只能是形象工程、政绩工程、豆腐渣工程。各责任部门要及早制定检查验收办法，严格把关，应该整改和返工的要严格要求落实。

### 6. 健全监管体制

对建成的水利工程要力求做到"建、管、用"三位一体，管护并举，建立健全一套良性循环的运行管理体制。完善工程质量监督体系，自上而下、齐抓共管，保证工程规划合理、建设透明、质量过硬，确保每个环节都经得起考验。此外，还要加大对水利工程破坏行为的打击力度，增加巡查频次，增添巡逻人员，制订巡查计划，确定巡查目标和任务，细化工作职责，防止各种人为破坏现象的发生。

### 7. 加大宣传力度组织群众参与

加大宣传力度，采取悬挂横幅、宣传标语以及利用宣传车进行流动宣传等方式，大力宣传基层水利工程建设的新进展、新成效和新经验，使广大群众了解水法规、节水用水途径、水工程建设及管护等内容。此外，还可以尝试如利用网络、多媒体、微信等新平台做好宣传工作，广泛发动群众参与，积极营造全社会爱护水利工程的良好氛围。

### 8. 借力河、湖长制共推管护工作

当前河、湖长制开展迅猛，各项专项行动推进及时，清废行动、清"四乱"等行动有效地促进了河湖及各类水利工程管护工作的开展。水利工程在河、湖长制管理范围之列，是河湖管护的重要组成部分。水利工程管护工作开展的好坏，也很大程度影响着河、湖长制的开展，利用好河、湖长制发展的东风，是推进水利工程管护工作的良好契机。

我国是水利大国，水利建设任重道远，水利工程的正常运行是关系国计民生的大事。我国人均水资源并不丰富，且时空分布不均，更凸显了水利工程建设的重要性。阐述水利工程的重大意义，分析基层水利工程建设管理中存在的问题，探索未来基层水利工程建设管理方法，旨在与各工程建设管理工作者探讨交流。

## 二、水利工程建设环境保护与控制

在当今社会发展进步的过程中，我国建设的各项水利工程发挥出了重要作用。尤其在水利运输与发电、农业灌溉与洪涝灾害等方面，更加体现出了我国水利工程建设的强大。为了加快我国社会主义现代化经济的提高，我们对水利工程的作用需求也进一步提高。但是在注重水利发展的同时，我们要更加注重保护生态环境，应充分考虑到生态环境与水利发展之间的利弊关系，权衡两者之间可持续发展的可能性，因此，我们要寻求一种良好的机制来完善环境保护的措施，真正为我国水利工程的发展提供可持续的、强有力的保障。

我国作为综合经济实力在世界排名靠前的大国，确也存在水资源贫瘠的短处。而正是通过我国这些水利工程的建设，才得以将我国的水资源合理调配。与此同时，这些水利工程的建设使我们深深感受到了其所带来的有益之处，比如闻名于世的三峡大坝工程就给人们的交通运输、水力发电、农业灌溉以及防洪防涝带来了便利。充分合理地开发水利建设是符合我国的发展战略计划与基本国情的，但近年来的调查结果却显示，水利工程的建设会导致生态环境失去平衡，而且往往越大的工程给环境带来的影响越严重。

### （一）水利工程建设对生态环境造成影响

在建设水利水电工程中都会对生态环境造成一定程度的破坏，其中调查表明分析出了有以下主要方面的影响：

#### 1. 对河流生态环境造成影响

大多数的水利工程要建设在江流湖泊河道上，而在建设水利工程之前，江河湖泊等都有着其平衡的生态环境。在江流河道上建造水利工程往往会导致河流原来的生态环境受到影响，长此以往，会严重破坏河流的生态环境，导致河流局部形态的变化，还可能会影响到上游和下游的地质变化、水文变化，造成河道泥沙淤积等问题。更有甚者，会造成水温的上升，从而对河中生物产生不利影响，造成河中生物的死亡或大量水草的蔓延。

#### 2. 对陆生生态环境造成影响

建设水利工程之后不但会对水文地质产生影响，也会对陆生生态环境造成不同程度的影响，因为在建设水利工程的过程中，周围土壤的挖掘、运输，包括水流的阻断，对下游产生的灌溉以及周围陆生动植物的给水都会产生影响。经过长时间的给水不到位，就会造成生态环境链的断裂，即便是后续施工结束，也很难恢复到以前的生态环境。在施工过程中注重保护水文环境以及陆生生态环境的同时，还要注重施工过程中生活污水的处理排放对生态环境的影响。在施工过程中往往会造成植被破坏、动物迁徙以及动物在迁徙途中因为食物或水的缺失而死亡。这些问题都应该是我们要更加关注的，人与生态环境应该共生，因此，我们在施工中应该尽可能地减小施工对陆生生态环境的影响。

### 3. 对生活环境造成影响

一般情况下，在水利水电工程的建设过程中，施工场地都要大于建设用地，因此往往要占用一些土地来为工程建设施工提供便利。在水利工程中，一般会对部分的沿岸居民以及可能会受到工程施工影响的居民提出安置迁徙的要求，这也是水利工程施工对人类生活环境造成的最直观的影响后果。此外，就是对沿岸耕地的影响，水利工程建设会将沿岸耕地的土质盐碱化或者直接变成沼泽地。与此同时，也可能对当地的气候产生影响，而且如果出现安置调配不合理的情况，还可能造成二次破坏。

## （二）水利工程建设环境保护与控制的举措

水利工程的建设使我们深深感受到了其所带来的有益之处，但是，如果不正确处理好水利工程建设与生态环境之间的关系，合理保护生态环境，那么水利工程就不能发挥正面影响。因此，合理建设水利工程，保护生态环境，控制环境污染的负面影响，我们可以从以下几个方面入手：

### 1. 建立环境友好型水利工程

环境友好型水利工程，即让水利工程与生态环境和平发展，让二者相互依存，相互影响，最终促进二者的良性发展。在这一环节，首先要立足于现状，建立水利工程建设流域的综合规划体系。据相关报道，现阶段我国水利水电建设正处于转型的重要阶段，因此，我们应该抓住机会，从实际情况出发，发挥水利工程建设的整体优势，促进环境和水利工程的统筹发展。其次，我们应该加强对江河领域周边环境的实地调研查勘，调研内容主要包括：地形地势特点、水文环境信息以及周边所住居民情况。通过加强对江河流域的调研工作，建立江河领域生态保护系统，加大监督保护力度，让水能资源真正做到取之不尽、用之不竭。

### 2. 提高技术研究水平，突破现有的生态保护工作格局

据相关报道，在世界很多发达的欧美国家，其过鱼技术的应用十分广泛，并且配套设施的设置也具有相当高的科技水平，但在我国水利工程建设中，科学技术的利用率远不及发达的欧美国家。因此，我们可以总结欧美国家在这一领域的经验教训，引进过鱼技术和相关配套设备，加强高科技的投入力度，在永久性拦河闸坝的建设工作中，通过利用该技术和相关配套设备，增加分层取水口的数量，从而保护周围环境的良性发展。除此之外，我国的分层取水技术仍处于落后地位，因此我们可以学习该技术发展完善成熟的国家，引

进建立研究中心的施工模式，提高我国的分层取水技术的质量水平，最终促进我国水利工程建设向着环境友好型迈进一步。

### 3. 生态调度，补偿河流生态，缓解环境影响

我们在调整水利水电现在的运行方式的过程中也应该多向发达国家学习，通过它们的成功案例总结经验，结合我国现实情况将工程的调度管理加入生态管理，同时应争取早日实现以修复河流自然流域为重点发展方向。借鉴我国成功的水利工程建设经验，合理安排对生态环境的补偿，如丹江口水利工程中，通过增加枯水期的下泄流量，进而解决了汉江下流的水体富营养化问题；太湖流域改变传统的闸坝模式，从而对太湖流域水质进行了改善，真正做到了对河流生态系统的补偿，缓解了水利工程建设对环境带来的负面影响。

### 4. 建设相关规程和保护体系，多途径恢复和保护生态环境

水利工程建设给周边环境造成的负面影响大多是不可逆的，因此，我们应该针对问题出现的原因进行充分探究，并有针对性地进行综合治理。除此之外，我们还应该从实际出发，因地制宜。在这一环节，我们可以借鉴以往成功的水利工程建设案例，找到可以参考的经验。例如：可以通过人工培育的方法，降低水利工程给水生生物带来的负面影响；采用气垫式调压井，对工程流域的植物覆盖率进行有效保护；利用胶凝砂砾石坝，减少对当地稀有资源的利用；修建生物走廊，重建岸坡区域的植被覆盖；加强人工湿地的设置；等等。总而言之，对水利工程周边的环境进行保护和控制是多方面的，要树立综合治理的理念，改变传统的环境保护体系，加强技术的投入力度，针对建设区域的实地情况，建立符合当地情况的环境保护规章制度和保护体系。

综上所述，在当今社会发展进步的过程中，我国建设的各项水利工程发挥出了重要作用。这其中在水利运输与发电以及农业灌溉与洪涝灾害等方面充分体现出了我国水利工程建设的强大。因此，在注重水利发展的同时我们更加要注重保护生态环境，应充分考虑到生态环境与水利发展利弊，权衡可持续发展的可能性，因此我们需要寻求一种良好的机制完善的措施，以此为我国水利工程的发展提供可持续的强有力的保障。

## 三、水利工程建设中的水土保持设计

国家经济的快速发展，使人们的生活质量水平不断提高，但也给环境带来很大的问题。特别是工业发展严重损害水资源，最终将导致水资源枯竭，为可持续性利用资源，实现可持续发展，人类应寻求最大的效益，其中，水土保持是当前水利工程建设中维护水资源较为可行的措施。

## （一）水利工程产生水土流失的特点

### 1. 水利工程建设施工削弱现有的土壤强度

在水利工程的建设过程中，排弃、采挖等生产作业都需要用到现代化机械设备，这会大大削弱现有的土壤强度。在侵蚀速度不断加快的同时，运动形式也处于不断变化的状态，导致原有的水土流失发生规律出现了巨大变化。这样不仅会影响施工环境周边的水土强度，还会造成水土流失不均匀的现象。

### 2. 水利工程建设施工所导致的水土流失是不可逆的

一般来说，自然形成的水土流失相对来说是可恢复的，但水利工程建设施工所导致的水土流失是不可逆的。目前，随着国内水利工程建设的发展与创新，政府和企业开始加强自身的水土保持意识，很多水利工程建设在施工之前都会进行实地勘察，在研究科学设计方案的基础上，减少水土流失的可能，使设计方案与施工环境最大限度地相互包容，大大减少了水土流失现象的发生。

## （二）水利工程建设中水土保持工作的可持续发展作用

### 1. 提升水资源的利用率

现阶段经济飞速发展，导致生态环境遭受巨大破坏，特别是水土流失导致水资源利用效率不断降低，洪涝灾害多发，使得水资源质量越来越低。为高效利用水资源，须搞好水土保持工作，逐步优化国内水土资源，促使水资源高效利用，创造更大的经济及社会价值。

### 2. 积极影响国家的宏观经济发展

水土保持在维护自然生态环境上起到积极作用，推动了国民经济的宏观发展。水土流失引发的灾害，给国家经济造成了巨大的损失，强化水土保持，可有效规避以上灾害，促使经济不断发展，为此，水土保持在促进我国经济宏观发展上具有突出作用。

### 3. 减少水质污染，提高水环境品质

围绕水源保护开展工作，促进一体化治理有效实施，充分建设生态保护、生态治理，生成一套完备的水土保持防护系统，可减少当前环境污染给水资源带来的损害，从整体上提升水环境质量。

### （三）水利工程水土保持措施分析

#### 1. 确保生物多样性

围绕生态优先，与生物多样性原则展开水土保持设计，是指借助地方物种，构建生物群落，以保护生态环境。生物多样性包括生物遗传基因、生物物种与生物系统的多样性，对维护自然生态环境有着现实意义。

#### 2. 注重乡土化设计

乡土植物环境适应性强，对生态环境恢复有着积极促进作用，不仅恢复生态环境效果显著，同时成本低，合理搭配可显著提高经济与生态效益。

#### 3. 应用生态修复新技术

针对地势陡峭、降雨量小、土层瘠薄的水利工程建设，水分、土壤对施工区的生态恢复影响大；对此，可引用新型的生态修复技术、材料等，减少施工对水土流失的影响，同时确保生态恢复效果。

#### 4. 加强宣传

水土保持工作，作为与人们生活质量相关联的公益性工程，首先人与自然间应和谐相处。其次利用现代媒体影响，提高群众对工作展开的认识与责任感，以及水利工程建设的监督意识。最后各部门应当合理借助群众力量，确保水土保持工作顺利展开。

#### 5. 综合治理

水利工程建设中，应当加强对堤防、蓄水与引水等工程的认识，改善坡形与沟床，切实预防水土流失。挖方区须设置排水渠、截流沟、抗滑桩、挡土墙等工程措施；降低重力侵蚀影响。回填区应整理坡形，同时敷设林草，减少施工中的水蚀、风蚀等侵蚀。临时占地应加强防护并予以整理、补植。施工中的弃渣应循环利用。沟道内须设置谷坊、淤地坝等治沟工程，减少边坡淘刷。临时生活区禁止向农田排放污水与生活垃圾。

#### 6. 提供资金支持

为促使水利工程各项工作有序实施，要求技术人员务必做好资金保障工作。因为水利工程建设严重破坏水土，但这和工程资金链供应直接相关。资金是维持水利工程建设十分重要的一类因素，但在具体水利实际工程施工时，各流程均要遵照有关法律及法规来执行，一旦发现违规行为应立即制止，同时在此前提下，编制合理有效的水利工程施工方案。有效预算各施工资金情况，如此可以避免各方面发生超预算。同时，在给水利工程项目立项过程中，严格审查施工单位。施工单位符合审查条件后，方能进行投标。

水利工程具有时间长、影响广、对生态破坏较大等诸多特点，所以水利工程中更应该注重水土保持。水土保持措施一般包括了生态措施、工程措施和临时措施，而针对水利工程的特殊性，往往这几种形式的措施要综合使用，同时水利工程的保持措施要分部分区地进行使用。水利工程施工环节复杂，施工工序不同对场地带来的影响也不同，所以必须根据水利工程每一工序的特点进行水土保持措施的制定，只有合理并合宜的水土保持方案才能够起到防止水土流失的作用。此外，水利工程施工现场要注意水土监测工作的开展，只有开展了水土监测工作才能够更好地有理有据地开展水土保持措施，才能够更好地结合实际执行水土保持相关方案。

# 第二章 水利工程施工技术

## 第一节 施工导流

### 一、施工导流概述

#### （一）施工导流概念

水工建筑物一般都在河床上施工，为避免河水对施工的不利影响，须创造干地施工条件，修建围堰围护基坑，将原河道中各个时期的水流按预定方式加以控制，并将部分或者全部水流导向下游。这种工作就叫施工导流。

#### （二）施工导流的意义

施工导流是水利工程建设中必须妥善解决的重要问题。主要原因是：
①直接关系工程的施工进度和完成期限。
②直接影响工程施工方法的选择。
③直接影响施工场地的布置。
④直接影响工程的造价。
⑤与水工建筑物的形式和布置密切相关。

因此，合理的导流方式，可以加快施工进度，缩短工期，降低造价；考虑不周，不仅达不到目的，还有可能造成很大危害。例如：选择导流流量过小，汛期可能导致围堰失事，轻则使建筑物、基坑、施工场地受淹，影响施工正常进行，重则主体建筑物可能遭到破坏，威胁下游居民生命和财产安全；选择流量过大，必然增加导流建筑物的费用，提高工程造价，造成浪费。

#### （三）影响施工导流的因素

影响因素比较多，如水文、地质、地形特点；所在河流施工期间的灌溉、通航、过木

等要求；水工建筑物的组成和布置；施工方法与施工布置；当地材料供应条件等。

## （四）施工导流的设计任务

综合分析研究上述因素，在保证满足施工要求和用水要求的前提下，正确选择导流标准，合理确定导流方案，进行临时结构物设计，正确进行建筑物的基坑排水。

## （五）施工导流的基本方法

### 1. 基本方法

（1）全段围堰导流法

用围堰拦断河床，全部水流通过事先修好的导流泄水建筑物流走。

（2）分段围堰导流法

水流通过河床外的束窄河床下泄，后期通过坝体预留缺口、底孔或其他泄水建筑物下泄。

### 2. 施工导流的全段围堰法

（1）基本概念

利用围堰拦断河床，将河水逼向在河床以外临时修建的泄水建筑物，并流往下游。因此，该法也叫河床外导流法。

（2）基本做法

全段围堰法是在河床主体工程的上、下游一定距离的地方分别各建一道拦河围堰，使河水经河床以外的临时或者永久性泄水道下泄，主体工程就可以在排干的基坑中施工，待主体工程建成或者接近建成时，再将临时泄水道封堵。该法一般应用在河床狭窄、流量较小的中小河道上。在大流量的河道上，只有地形、地质条件受限，采用分段围堰法明显不利时才采用此法导流。

（3）主要优点

施工现场的工作面比较大，主体工程在一次性围堰的围护下就可以建成。如果在枢纽工程中，能够利用永久泄水建筑物结合施工导流时，采用此法往往比较经济。

（4）导流方法

导流方法一般根据导流泄水建筑物的类型区分：如明渠导流，隧洞导流，涵管导流，还有的用渡槽导流等。

①明渠导流。河流拦断后，河道的水流从河岸上的人工渠道下泄的导流方式叫明渠导流。

它多选在岸坡平缓、有较宽广的滩地，或者岸坡上有溪沟可以利用的地方。当渠道轴线上是软土，特别是当河流弯曲，可以用渠道裁弯取直时，采用此法比较经济，更为有利。在山区建坝，有时由于地质条件不好，或者施工条件不足，开挖隧洞比较困难，往往也可以采用明渠导流。

②隧洞导流。在河谷狭窄的山区，岩石往往比较坚实，多采用隧洞导流。由于隧洞开挖与衬砌费用较大，施工困难，因此，要尽可能将导流隧洞与永久性隧洞结合考虑布置。当结合确有困难时，才考虑设置专用导流隧洞，在导流完毕后，应立即堵塞。

一般要避免隧洞穿过断层、破碎带，无法避免时，要尽量使隧洞轴线与断层和破碎带的交角大一些。为使隧洞结构稳定，洞顶岩石厚度要大于洞径的 $2\sim3$ 倍。

③涵管导流。在土石坝枢纽工程中，采用涵管进行导流施工的比较多。涵管一般布置在枯水位以上河岸的岩基上。多在枯水期先修建导流涵管，然后再修建上下游围堰，河道的水经过涵管下泄。涵管过水能力低，一般只能担负小流量的施工导流。如果能与永久性涵管结合布置，往往是比较好的方案。涵管与坝体或者防渗体的结合部位，容易产生集中渗漏，一般要设截流环，并控制好土料的填筑质量。

**3. 施工导流的分段围堰法**

（1）基本概念

分段围堰法施工导流，就是利用围堰将河床分期分段围护起来，让河水从缩窄后的河床中下泄的导流方法。分期，就是从时间上将导流划分成若干个时间段；分段，就是用围堰将河床围成若干个地段。一般分为两期两段。

（2）适宜条件

一般适用于河道比较宽阔，流量比较大，工程施工时间比较长的工程，在通航的河道上，往往不允许出现河道断流，这时，分段围堰法就是唯一的施工导流方法。

（3）围堰修筑顺序

一般情况下，总是先在第一期围堰的保护下修建泄水建筑物，或者建造期限比较长的复杂建筑物，例如水电站厂房等，并预留低孔、缺口，以备宣泄第二期的导流流量。第一期围堰一般先选在河床浅滩一岸进行施工，此时，对原河床主流部分的泄流影响不大，第一期的工程量也小。第二期的部分纵向围堰可以在第一期围堰的保护下修建。拆除第一期围堰后，修建第二期围堰进行截流，再进行第二期工程施工，河水从第一期安排好了的地方下泄。

（4）围堰布置应考虑的几个问题

①河床缩窄程度。河床缩窄程度通常用下式表示：

$$K = (\omega_1/\omega) \times 100\%\qquad(2-1)$$

式中：$\omega_1$——第一期围堰和基坑占据的过水面积，$m^2$；

$\omega$——原河床的过水面积，$m^2$；

$K$——百分数，一般受下列条件影响：

a. 导流过水要求。布置一期围堰时，缩窄后的河床既要满足一期导流过水的需要，也要保证二期围堰截流后的过水要求。若一期围得太小，基坑内布置不下二期围堰截流后的泄水建筑物，则二期过水的要求就得不到保证；反之，一期围得太多，则剩下的河床就不能保证一期泄水的需要。

b. 河床不被严重冲刷。河床被缩窄后，过水断面减小，围堰上游水位壅高缩窄处的河段流速加大，河床就可能被冲刷。因此要求被缩窄的河床段的流速不得超过允许流速。

c. 地形影响。如果有合适的河心岛屿，可以作为天然的纵向围堰，特别作为一期纵向围堰，对经济效益、加快进度、保证施工安全都是有利的。

d. 施工布局合理。围的范围，各个导流期内的各项主体工程施工强度比较均衡，能够适应人力、财力、设备等的供应情况，各期施工的工作面大小能够满足施工要求。

②纵向围堰长度确定。

在确定了河床缩窄度 $K$ 值以后，还要确定合理的纵向围堰的长度。一般计算式为：

$$L_纵 = L_基 + 2(L_挖 + L_间) + L_上 + L_下 + L_{上1} + L_{下1}\qquad(2-2)$$

式中：$L_纵$——围堰纵向计算长度；

$L_基$——基坑顺水流方向长度，其值应大于或者等于建筑物上下游开挖坡脚线间的最大距离；

$L_挖$——开挖边坡的水平投影长度；

$L_间$——围堰内坡脚到开挖外边线的最大距离，一般取 5~10 m；

$L_上$——上游横向围堰内外坡脚的最大距离；

$L_下$——下游横向围堰内外坡脚的最大距离；

$L_{上1}$——上游横向围堰外坡脚到纵向上下端头的防冲安全距离，一般取 10~15 m，重要工程由试验确定；

$L_{下1}$——下游横向围堰外坡脚到纵向上下端头的防冲安全距离，一般取 10~15 m，重要工程由试验确定。

③防冲平面布置措施。在平面布置中，防冲措施一般有：

第一，围堰转角处布置成流线型。

第二，纵向围堰上下游设导水堤。

第三，上游转角处设透水堤，以便对进口处河床的流速做适当削减。

第四，当冲刷严重时，可以对围堰采取防冲加固措施。

## 二、围堰工程

### （一）围堰概述

#### 1. 主要作用

它是临时挡水建筑物，用来围护主体建筑物的基坑，保证在干地上顺利施工。

#### 2. 基本要求

它完成导流任务后，若对永久性建筑物的运行有妨碍，还须拆除。因此，围堰除满足水工建筑物稳定、不透水、抗冲刷的要求外，工程量要小，结构简单，施工方便，有利于拆除等。如果能将围堰作为永久性建筑物的一部分，对节约材料、降低造价、缩短工期无疑更为有利。

### （二）基本类型及构造

按相对位置不同，分纵向围堰和横向围堰；按构造材料分为土围堰、土石围堰、草土围堰、混凝土围堰、板桩围堰、木笼围堰等多种形式。下面介绍几种常用类型。

#### 1. 土围堰

土围堰与土坝布置内容、设计方法、基本要求、优缺点大体相同，但因其临时性，故在满足导流要求的情况下，力求简单，施工方便。

#### 2. 土石围堰

这是一种石料做支撑体，黏土做防渗体，中间设反滤层的土石混合结构。抗冲能力比土围堰大，但是拆除比土围堰困难。

#### 3. 草土围堰

这是一种草土混合结构。该法是将麦秸、稻草、芦苇、柳枝等柴草绑成捆，修围堰时，铺一层草捆，铺一层土料，如此筑起围堰。该法就地取材，施工简单，速度快，造价低，拆除方便，具有一定的抗渗、抗冲能力，容重小，特别适宜软土地基。但是不宜用于拦挡高水头，一般限于水深不超过 6 m，流速不超过 3~4 m/s，使用期不超过 2 年的情况。该法过去在灌溉工程中，现在在防汛工程中采用比较多。

### 4. 混凝土围堰

混凝土围堰常用于在岩基土修建的水利枢纽工程，这种围堰的特点是挡水水头高，底宽小，抗冲能力大，堰顶可溢流。尤其是在分段围堰法导流施工中，用混凝土浇筑的纵向围堰可以两面挡水，而且可与永久建筑物相结合作为坝体或闸室体的一部分。混凝土纵向或横向围堰多为重力式，为减小工程量，狭窄河床的上游围堰也常采用拱形结构。混凝土围堰抗冲防渗性能好，占地范围小，既适用于挡水围堰，更适用于过水围堰，因此，虽造价较土石围堰相对较高，仍为众多工程所采用。混凝土围堰一般须在低水土石围堰保护下干地施工，但也可创造条件在水下浇筑混凝土或预填骨料灌浆，中型工程常采用浆砌块石围堰。

混凝土围堰按其结构形式有重力式、空腹式、支墩式、拱式、圆筒式等。按其施工方法有干地浇筑、水下浇筑、预填骨料灌浆、碾压式混凝土及装配式等。常用的形式是干地浇筑的重力式及拱形围堰。此外还有浆砌石围堰，一般采用重力式居多。混凝土围堰具有抗冲、防渗性能好、底宽小、易于与永久建筑物结合，必要时还允许堰顶过水，安全可靠等优点，因此，虽造价较高，但在国内外仍得到较广泛的应用。例如三峡、丹江口、三门峡、潘家口、石泉等工程的纵向围堰都采用了混凝土重力式围堰，其下游段与永久导墙相结合；刘家峡、乌江渡、紧水滩、安康等工程也均采用了拱形混凝土围堰。

混凝土围堰一般须在低水土石围堰围护下施工，也有采用水下浇筑方式的。前者质量容易保证，后者也有许多成功的经验。

### 5. 钢板桩围堰

钢板桩围堰是最常用的一种板桩围堰。钢板桩是带有锁口的一种型钢，其截面有直板形、槽形及 Z 形等，有各种大小尺寸及联锁形式。常见的有拉尔森式、拉克万纳式等。

其优点为：强度高，容易打入坚硬土层；可在深水中施工，必要时加斜支撑成为一个围笼；防水性能好；能按需要组成各种外形的围堰，并可多次重复使用。因此，它的用途广泛。

在桥梁施工中常用于沉井顶的围堰用途广泛，包括管柱基础、桩基础及明挖基础的围堰等。这些围堰多采用单壁封闭式，围堰内有纵横向支撑，必要时加斜支撑成为一个围笼。如中国南京长江桥的管柱基础，曾使用钢板桩圆形围堰，其直径 21.9 m，钢板桩长 36 m。待水下混凝土封底达到强度要求后，抽水筑承台及墩身，抽水设计深度达 20 m。

在水工建筑中，一般施工面积很大，则常用以做成构体围堰。它由许多互相连接的单体所构成，每个单体又由许多钢板桩组成，单体中间用土填实。围堰所围护的范围很大，不能用支撑支持堰壁，因此每个单体都能独自抵抗倾覆、滑动和防止联锁处的拉裂。常用的有圆形及隔壁形等形式。

钢板桩围堰施工注意事项如下：

①围堰高度应高出施工期间可能出现的最高水位（包括浪高）0.5～0.7 m。

②围堰外形一般有圆形、圆端形、矩形、带三角的矩形等。围堰外形还应考虑水域的水深，以及流速增大引起水流对围堰、河床的集中冲刷，对航道、导流的影响。

③堰内平面尺寸应满足基础施工的需要。

④围堰要求防水严密，减少渗漏。

⑤堰体外坡面有受冲刷危险时，应在外坡面设置防冲刷设施。

⑥有大漂石及坚硬岩石的河床不宜使用钢板桩围堰。

⑦钢板桩的机械性能和尺寸应符合规定要求。

⑧施打钢板桩前，应在围堰上下游及两岸设测量观测点，控制围堰长、短边方向的施打定位。施打时，必须备有导向设备，以保证钢板桩的正确位置。

⑨施打前，应对钢板桩锁口用防水材料捻缝，以防漏水。

⑩施打顺序从上游向下游合龙。

⑪钢板桩可用捶击、振动、射水等方法下沉，但黏土中不宜使用射水下沉办法。

⑫经过整修或焊接后钢板桩应用同类型的钢板桩进行锁口试验、检查。接长的钢板桩，其相邻两钢板桩的接头位置应上下错开。

⑬施工过程中，应随时检查桩的位置是否正确，桩身是否垂直，否则应立即纠正或拔出重打。

### 6. 过水围堰

过水围堰是指在一定条件下允许堰顶过水的围堰。过水围堰既担负挡水任务，又能在汛期泄洪，适用于洪枯流量比值大、水位变幅显著的河流。其优点是减小施工导流泄水建筑物规模，但过流时基坑内不能施工。

根据水文特性及工程重要性，提出枯水期5%～10%频率的几个流量值，通过分析论证，力争在枯水年能全年施工。中国新安江水电站施工期，选用枯水期5%频率的挡水设计流量4650 m³/s，实现了全年施工。对于可能出现枯水期有洪水而汛期又有枯水的河流，可通过施工强度和导流总费用（包括导流建筑物和淹没基坑的费用总和）的技术经济比较，选用合理的挡水设计流量。为了保证堰体在过水条件下的稳定性，还要通过计算或试验确定过水条件下的最不利流量，作为过水设计流量。

过水围堰类型：通常有土石过水围堰、混凝土过水围堰、木笼过水围堰三种。后者由于用木材多，施工、拆除都较复杂，现已少用。

（1）土石过水围堰

①形式。土石过水围堰堰体是散粒体，围堰过水时，水流对堰体的破坏作用有两种：一是过堰水流沿围堰下游坡面宣泄的动能不断增大，冲刷堰体溢流表面；二是过堰水流渗入堰体所产生的渗透压力，引起围堰下游坡连同堰体一起滑动而导致溃堰。因此，对土石过水围堰溢流面及下游坡脚基础进行可靠的防冲保护，是确保围堰安全运行的必要条件。土石过水围堰形式按堰体溢流面防冲保护使用的材料，可分为混凝土面板溢流堰、混凝土楔形体护面板溢流堰、块石笼护面溢流堰、块石加钢筋网护面溢流堰及沥青混凝土面板溢流堰等。按过流消能防冲方式，可分为镇墩挑流式溢流堰及顺坡护底式溢流堰。通常，可按有无镇墩区分土石过水围堰形式。

设镇墩的土石过水围堰。在过水围堰下游坡脚处设混凝土镇墩，其镇墩建基在岩基上，堰体溢流面可视过流单宽流量及溢流面流速的大小，采用混凝土板护面或其他防冲材料护面。若溢流护面采用混凝土板，围堰溢流防冲结构可靠，整体性好，抗冲性能强，可宣泄较大的单宽流量。但镇墩混凝土施工须在基坑积水抽干，覆盖层开挖至基岩后进行，混凝土达到一定强度后才允许回填堰体块石料，对围堰施工干扰大，不仅延误围堰施工工期，且存在一定的风险性。

无镇墩的土石过水围击。围堰下游坡脚处无镇墩堰体溢流面可采用混凝土板护面或其他防冲材料护面，过流护面向下游延伸至坡脚处，围堰坡脚覆盖层用混凝土块、钢筋石笼或其他防冲材料保护，其顺流向保护长度可视覆盖层厚度及冲刷深度而定，防冲结构应适应坍塌变形，以保护围堰坡脚处覆盖层不被淘刷。这种形式的过水围堰防冲结构较简单，避免了镇墩施工的干扰，有利于加快过水围堰施工，争取工期。

②形式选择。

设镇墩的土石过水围堰。适用于围堰下游坡脚处覆盖层较浅，且过水围堰高度较高的上游过水围堰。若围堰过水单宽流量及溢流面流速较大，堰体溢流面宜采用混凝土板护面。若围堰过水单宽流量及溢流面流速较小，可采用钢筋网块石护面。单宽流量及溢流面流速较大，堰体溢流面采用混凝土板护面，围堰坡脚覆盖层宜采用混凝土块柔性排或钢丝石笼。

无镇墩的土石过水围堰。适用于围堰下游坡脚处覆盖层较厚且过水围堰高度较低的下游过水围堰。若围堰过水单宽流量及溢流面流速较大，堰体溢流面宜采用大块石体等适应坍塌变形的防冲结构。若围堰过水单宽流量及溢流面流速较小，堰体溢流面可采用钢筋网块石保护，堰脚覆盖层采用抛块石保护。

（2）混凝土过水围堰

①形式。常用的为混凝土重力式过水围堰和混凝土拱形过水围堰。

②形式选择。

a. 混凝土重力式过水围堰。混凝土重力式过水围堰通常要求建基在岩基上，对两岸堰基地质条件要求较拱形围堰低。但堰体混凝土量较拱形围堰多。因此，混凝土重力式过水围堰适应于坝址河床较宽、堰基岩体较差的工程。

混凝土拱形过水围堰较混凝土重力式过水围堰混凝土量减少，但对两岸拱座基础的地质条件要求较高。若拱座基础岩体变形，对拱圈应力影响较大。因此，混凝土拱形过水围堰适用于两岸陡峻的峡谷河床，且两岸基础岩体稳定、岩石完整坚硬的工程。通常以 $L/H$ 代表地形特征（$L$ 为围堰顶的河谷宽度，$H$ 为围堰最大高度），判别采用何种拱形较为经济。一般 $L/H \leqslant 1.5 \sim 2.0$ 时，适用于拱形；$L/H \geqslant 3.0 \sim 3.5$ 时，适用于重力拱形；$L/H > 3.5$ 时，不宜采用拱形围堰。拱形围堰也有修建混凝土重力墩作为拱座；也有一端支承于岸坡，另一端支承于坝体或其他建筑物上。因此，拱形过水围堰不仅用于一次断流围堰，也有用于分期围堰，如安康水电站二期上游过水围堰，采用混凝土拱形过水围堰。

（3）混凝土过水围堰的结构设计

混凝土过水围堰过流消能形式为挑流、面流、底流消能，常用的为挑流消能和面流消能形式。对大型水利工程混凝土过水围堰的消能形式，尚须经水工模型试验研究比较后确定。

混凝土过水围堰结构断面设计。混凝土重力式过水围堰结构断面设计计算，可参照混凝土重力式围堰设计；混凝土拱形过水围堰结构断面设计，可参照混凝土拱形围堰设计。在围堰稳定和堰体应力分析时，应计算围堰过流工况。围堰堰顶形状应考虑过流及消能要求。

### 7. 纵向围堰

平行于水流方向的围堰为纵向围堰。围堰作为临时性建筑物，其特点为：

①施工期短，一般要求在一个枯水期内完成，并在当年汛期挡水。

②一般须进行水下施工，而水下作业质量往往不易保证。

③围堰常须拆除，尤其是下游围堰。

因此，除应满足一般挡水建筑物的基本要求外，围堰还应具有足够的稳定性、防渗性、抗冲性和一定的强度要求，在布置上应力求水流顺畅，不发生严重的局部冲刷。围堰基础及其与岸坡连接的防渗处理措施要安全可靠，不致产生严重集中渗漏和破坏。围堰结构宜简单，工程量小，便于修建和拆除，便于抢进度。围堰形式选择要尽量利用当地材料，降低造价，缩短工期。

围堰虽是一种临时性的挡水建筑物，但对工程施工的作用很重要，必须按照设计要求进行修筑。否则，轻则渗水量大，增加基坑排水设备容量和费用；重则可能造成溃堤的严重后果，拖延工期，增加造价。这种严重的教训，以往也曾发生过，应引起足够的重视。

### 8. 横向围堰

拦断河流的围堰或在分期导流施工中围堰轴线基本与流向垂直且与纵向围堰连接的上下游围堰。

## 三、导流标准选择

### （一）导流标准的作用

导流标准是选定的导流设计流量，导流设计流量是确定导流方案和对导流建筑物进行设计的依据。标准太高，导流建筑物规模大，投资大；标准太低，可能危及建筑物安全。因此，导流标准的确定必须根据实际情况进行。

### （二）导流标准确定方法

一般用频率法，也就是，根据工程的等级，确定导流建筑物的级别，根据导流建筑物的级别，确定相应的洪水重现期，作为计算导流设计流量的标准。

### （三）标准使用注意问题

确定导流设计标准，不能没有标准而凭主观臆断；但是，由于影响导流设计的因素十分复杂，也不能将规定看成固定的，一成不变而套用到整个施工过程中去。因此在导流设计中，一方面要依据所列的数据，更重要的是，具体分析工程所在河流的水文特性、工程的特点、导流建筑物的特点等，经过不同方案的比较论证，才能确定出比较合理的导流标准。

## 四、导流时段的选择

### （一）导流时段的概念

它是按照施工导流的各个阶段划分的时段。

### （二）时段划分的类型

一般根据河流的水文特性划分为：枯水期、中水期、洪水期。

## （三）时段划分的目的

因为导流是为主体工程安全、方便、快速施工服务的，它服务的时间越短，标准可以定得越低，工程建设越经济。若尽可能地安排导流建筑物只在枯水期工作，围堰可以避免拦挡汛期洪水，就可以做得比较矮，投资就少；但是，片面追求导流建筑物的经济，可能影响主体工程施工，因此，要对导流时段进行合理划分。

## （四）时段划分的意义

导流时段划分，实质上就是解决主体工程在全部建成的整个施工过程中，枯水期、中水期、洪水期的水流控制问题。也就是确定工程施工顺序、施工期间不同时段宣泄不同导流流量的方式，以及与之相适应的导流建筑物的高程和尺寸。因此，导流时段的确定，与主体建筑物的形式、导流的方式、施工的进度有关。

## （五）土石坝的导流时段

土石坝施工过程不允许过水，若不能在一个枯水期建成拦洪，导流时段就要以全年为标准，导流设计流量就应以全年最大洪水的一定频率进行设计。若能让土石坝在汛期到来之前填筑到临时拦洪高程，就可以缩短围堰使用期限，在降低围堰的高度，减少围堰工程量的同时，又可以达到安全度汛、经济合理、快速施工的目的。这种情况下，导流时段的标准可以不包括汛期的施工时段，那么，导流的设计流量即为该时段按某导流标准的设计频率计算的最大流量。

## （六）砼和浆砌石坝的导流时段

这类坝体允许过水，因此，在洪峰到来时，让未建成的主体工程过水，部分或者全部停止施工，待洪水过后再继续施工。这样，虽然减少了一年中的施工时间，但是，由于可以采用较小的导流设计流量，因而节约了导流费用，减少了导流建筑物的工期，可能还是经济的。

## （七）导流时段确定注意问题

允许基坑淹没时，导流设计流量确定是一个必须认真对待的问题。因为，不同的导流设计流量，就有不同的午淹没次数，就有不同的午有效施工时间。每淹没一次，就要做次围堰检修、基坑排水处理、机械设备撤退和复工返回等工作。这些都要花费一定的时间和费用。当选择的标准比较高时，围堰做得高，工程量大，但是，淹没次数少，年有效施工时间长，淹没损失费用少；反之，当选择的标准比较低时，围堰可以做得低，工程量小，但是，淹没的次数多，年有效施工时间短，淹没损失费用多。由此可见，正确选择围堰的设计施工流量，有一个技术经济比较问题，还有国家规定的完建期限，更是一个必须考虑的重要因素。

# 第二节　基坑排水

## 一、基坑排水概述

### （一）排水目的

在围堰合龙闭气以后，排除基坑内的存水和不断流入基坑的各种渗水，以便使基坑保持干燥状态，为基坑开挖、地基处理、主体工程正常施工创造有利条件。

### （二）排水分类及水的来源

按排水的时间和性质不同，一般分两种排水。

1. 初期排水

围堰合龙闭气后接着进行的排水，水的来源是修建围堰时基坑内的积水、渗水、雨天的降水。

2. 经常排水

在基坑开挖和主体工程施工过程中经常进行的排水工作，水的来源是：基坑内的渗水、雨天的降水、主体工程施工的废水等。

### （三）排水的基本方法

基坑排水的方法有两种：明式排水法（明沟排水法）、暗式排水法（人工降低地下水位法）。

## 二、初期排水

### （一）排水能力估算

选择排水设备，主要根据需要排水的能力，而排水能力的大小又要考虑排水时间安排的长短和施工条件等因素。通常按下式估算：

$$Q = KV/T \qquad\qquad (2\text{-}3)$$

式中：$Q$——排水设备的排水能力，$m^3/s$；

$K$——积水体积系数，大中型工程用 4~10，小型工程用 2~3；

$V$——基坑内的积水体积，$m^3$；

$T$——初期排水时间，$s$。

### （二）排水时间选择

排水时间的选择受水面下降速度的限制，而水面下降允许速度要考虑围堰的形式、基坑土壤的特性、基坑内的水深等情况，水面下降慢，影响基坑开挖的开工时间；水面下降快，围堰或者基坑的边坡中的水压力变化大，容易引起塌坡。因此水面下降速度一般限制在每昼夜 0.5~1.0 m 的范围内。当基坑内的水深已知，水面下降速度选择好的情况下，初期排水所需要的时间也就确定了。

### （三）排水设备和排水方式

根据初期排水要求的能力，可以确定所需要的排水设备的容量。排水设备一般用普通的离心水泵或者潜水泵。为了便于组合，方便运转，一般选择容量不同的水泵。排水泵站一般分固定式和浮动式两种，浮动式泵站可以随着水位的变化而改变高程，比较灵活；若采用固定式，当基坑内的水深比较大的时候，可以采取将水泵逐级下放到基坑内不同高程的各个平台上，进行抽水。

## 三、经常性排水

主体工程在围堰内正常施工的情况下，围堰内外水位差很大，外面的水会向基坑内渗透，雨天的雨水，施工用的废水，都要及时排除，否则会影响主体工程的正常施工，因此经常性排水是不可缺少的工作内容。经常性排水一般采取明式排水或者暗式排水法（人工降低地下水位的方法）。

## （一）明式排水法

### 1. 明式排水的概念

指在基坑开挖和建筑物施工过程中，在基坑内布设排水明沟，设置集水井、抽水泵站，而形成的一套排水系统。

### 2. 排水系统的布置

（1）基坑开挖排水系统

该系统的布置原则是不能妨碍开挖和运输，一般布置方法是：为了两侧出土方便，在基坑的中线部位布置排水干沟，而且要随着基坑开挖进度，逐渐加深排水沟；干沟深度一般保持1~1.5米，支沟0.3~0.5米，集水井的底部要低于干沟的沟底。

（2）建筑物施工排水系统

排水系统一般布置在基坑的四周，排水沟布置在建筑物轮廓线的外侧。为了不影响基坑边坡稳定，排水沟离开基坑边坡坡脚0.3~0.5 m。

（3）排水沟布置

内容包括断面尺寸的大小、水沟边坡的陡缓、水沟底坡的大小等，主要根据排水量的大小来决定。

（4）集水井布置

一般布置在建筑物轮廓线以外比较低的地方。集水井、干沟与建筑物之间也应保持适当距离，原则是，不能影响建筑物施工和施工过程中材料的堆放、运输等。

## （二）暗式排水法（人工降低地下水位法）

### 1. 基本概念

在基坑开挖之前，在基坑周围钻设滤水管或滤水井，在基坑开挖和建筑物施工过程中，从井管中不断抽水，以使基坑内的土壤始终保持干燥状态的做法叫暗式排水法。

### 2. 暗式排水的意义

在细砂、粉砂、亚砂土地基上开挖基坑，若地下水位比较高时，随着基坑底面的下降，渗透水位差会越来越大，渗透压力也必然越来越大，容易产生流砂现象，一边开挖基坑，一边冒出流沙，开挖非常困难，严重时，会出现滑坡，甚至危及临近结构物的安全和施工的安全。因此，人工降低地下水位是必要的。常用的暗式排水法分管井法和井点法两种。

### 3. 管井排水法

（1）基本原理

在基坑的周围钻造一些管井，管井的内径一般 20~40 cm，地下水在重力作用下，流入井中，然后，用水泵进行抽排。抽水泵有普通离心泵、潜水泵、深井泵等，可根据水泵的不同性能和井管的具体情况选择。

（2）管井布置

管井一般布置在基坑的外围或者基坑边坡的中部。管井的间距应视土层渗透系数的大小而定，渗透系数小的，间距小一些；渗透系数大的，间距大一些，一般为 15~25 米。

（3）管井组成

管井施工方法就是农村打机井的方法。管井包括井管、外围滤料、封底填料三部分，井管无疑是最重要的组成部分，它对井的出水量和可靠性影响很大，要求其过水能力大，进入泥沙少，应有足够的强度和耐久性。因此，一般用无沙混凝土预制管，也有的用钢制管。

（4）管井施工

管井施工多用钻井法和射水法。钻井法先下套管，再下井管，然后一边填滤料，一边拔出套管。射水法是用专门的水枪冲孔，井管随着冲孔下沉。这种方法主要是注意根据不同的土壤性质选择不同的射水压力。

### 4. 井点排水法

井点排水法分为轻型井点、喷射井点、电渗井点三种类型，它们都适用雨渗透系数比较小的土层排水，其渗透系数都在 0.1~50 米/天。但是它们的组成比较复杂，如轻型井点就由井点管、集水总管、普通离心式水泵、真空泵、集水箱等设备组成。当基坑比较深，地下水位比较高时，还要采用多级井点，因此，需要设备多，工期长，基坑开挖量大，一般不经济。

# 第三节　地基处理

## 一、概述

地基处理一般是指用于改善支承建筑物的地基（土或岩石）的承载能力或改善其变形性质或渗透性质而采取的工程技术措施。

## （一）处理目的

地基所面临的问题主要有承载力及稳定性问题、压缩及不均匀沉降问题、渗漏问题、液化问题以及特殊土的特殊问题。当天然地基存在上述五类问题之一或其中几个时，须采用地基处理措施以保证上部结构的安全与正常使用。通过地基处理，达到以下一种或几种目的。

### 1. 提高地基土的承载力

地基剪切破坏的具体表现形式有建筑物的地基承载力不够，由于偏心荷载或侧向土压力的作用使结构失稳；由于填土或建筑物荷载，使邻近地基产生隆起；土方开挖时边坡失稳，基坑开挖时坑底隆起。地基土的剪切破坏主要因为地基土的抗剪强度不足，因此，为防止剪切破坏，就要采取一定的措施提高地基土的抗剪强度。

### 2. 降低地基土的压缩性

地基的压缩性表现在建筑物的沉降和差异沉降大，而土的压缩性和土的压缩模量有关。

因此，必须采取措施提高地基土的压缩模量，以减少地基的沉降和不均匀沉降。

### 3. 改善地基的透水特性

基坑开挖施工中，因土层内夹有薄层粉砂或粉土而产生管涌或流砂，这些都是因地下水在土中的运动而产生的问题，故必须采取措施使地基土降低透水性或减少其动水压力。

### 4. 改善地基土的动力特性

饱和松散粉细砂（包括部分粉土）在地震的作用下会发生液化，在承受交通荷载和打桩时，会使附近地基产生振动下降，这些是土的动力特性的表现。地基处理的目的就是要改善土的动力特性以提高土的抗振动性能。

### 5. 改善特殊土不良地基特性

对于湿陷性黄土和膨胀土，就是消除或减少黄土的湿陷性或膨胀土的胀缩性。

## （二）处理分类

地基处理主要分为：基础工程措施、岩土加固措施。

有的工程，不改变地基的工程性质，而只采取基础工程措施；有的工程还同时对地基的土和岩石加固，以改善其工程性质。选定适当的基础形式，不须改变地基的工程性质就可满足要求的地基称为天然地基；反之，已进行加固后的地基称为人工地基。地基处理工程的设计和施工质量直接关系到建筑物的安全，如处理不当，往往发生工程质量事故，且事后补救大多比较困难。因此，对地基处理要求实行严格的质量控制和验收制度，以确保工程质量。

## （三）处理方法

常用的地基处理方法有：换填垫层法、强夯法、砂石桩法、振冲法、水泥土搅拌法、高压喷射注浆法、预压法、夯实水泥土桩法、水泥粉煤灰碎石桩法、石灰桩法、灰土挤密桩法和土挤密桩法、柱锤冲扩桩法、单液硅化法和碱液法等。

### 1. 换填垫层法

适用于浅层软弱地基及不均匀地基的处理。其主要作用是提高地基承载力，减少沉降量，加速软弱土层的排水固结，防止冻胀和消除膨胀土的胀缩。

### 2. 强夯法

适用于处理碎石土、砂土、低饱和度的粉土与黏性土、湿陷性黄土、杂填土和素填土等地基。强夯置换法适用于高饱和度的粉土、软塑-流塑状的黏性土等地基上对变形控制不严的工程，在设计前必须通过现场试验确定其适用性和处理效果。强夯法和强夯置换法主要用来提高土的强度，减少压缩性，改善土体抵抗振动液化能力和消除土的湿陷性。对饱和黏性土宜结合堆载预压法和垂直排水法使用。

### 3. 砂石桩法

适用于挤密松散砂土、粉土、黏性土、素填土、杂填土等地基，提高地基的承载力和降低压缩性，也可用于处理可液化地基。对饱和黏土地基上变形控制不严的工程也可采用砂石桩置换处理，使砂石桩与软黏土构成复合地基，加速软土的排水固结，提高地基承载力。

### 4. 振冲法

分加填料和不加填料两种。加填料的通常称为振冲碎石桩法。振冲法适用于处理砂土、粉土、粉质黏土、素填土和杂填土等地基。对于处理不排水、抗剪强度不小于 20 kPa 的黏性土和饱和黄土地基，应在施工前通过现场试验确定其适用性。不加填料振冲加密适用于处理黏粒含量不大于 10%的中、粗砂地基。振冲碎石桩主要用来提高地基承载力，减少地基沉降量，还可用来提高土坡的抗滑稳定性或提高土体的抗剪强度。

### 5. 水泥土搅拌法

分为浆液深层搅拌法（简称湿法）和粉体喷搅法（简称干法）。水泥土搅拌法适用于处理正常固结的淤泥与淤泥质土、黏性土、粉土、饱和黄土、素填土以及无流动地下水的饱和松散砂土等地基。不宜用于处理泥炭土、塑性指数大于 25 的黏土、地下水具有腐蚀性以及有机质含量较高的地基。若须采用时必须通过试验确定其适用性。当地基的天然含水量小于 30%（黄土含水量小于 25%）、大于 70% 或地下水的 pH 值小于 4 时不宜采用此法。连续搭接的水泥搅拌桩可作为基坑的止水帷幕，受其搅拌能力的限制，该法在地基承载力大于 140 kPa 的黏性土和粉土地基中的应用有一定难度。

### 6. 高压喷射注浆法

适用于处理淤泥、淤泥质土、黏性土、粉土、砂土、人工填土和碎石土地基。当地基中含有较多的大粒径块石、大量植物根茎或较高的有机质时，应根据现场试验结果确定其适用性。对地下水流速度过大、喷射浆液无法在注浆套管周围凝固等情况不宜采用。高压旋喷桩的处理深度较大，除地基加固外，也可作为深基坑或大坝的止水帷幕，目前最大处理深度已超过 30 m。

### 7. 预压法

适用于处理淤泥、淤泥质土、冲填土等饱和黏性土地基。按预压方法分为堆载预压法及真空预压法。堆载预压分塑料排水带或砂井地基堆载预压和天然地基堆载预压。当软土层厚度小于 4 m 时，可采用天然地基堆载预压法处理；当软土层厚度超过 4 m 时，应采用塑料排水带、砂井等竖向排水预压法处理。对真空预压工程，必须在地基内设置排水竖井。预压法主要用来解决地基的沉降及稳定问题。

### 8. 夯实水泥土桩法

适用于处理地下水位以上的粉土、素填土、杂填土、黏性土等地基。该法施工周期短、造价低、施工文明、造价容易控制，在北京、河北等地的旧城区危改小区工程中得到不少成功的应用。

### 9. 水泥粉煤灰碎石桩（CFG 桩）法

适用于处理黏性土、粉土、砂土和已自重固结的素填土等地基。对淤泥质土应根据地区经验或现场试验确定其适用性。基础和桩顶之间须设置一定厚度的褥垫层，保证桩、土共同承担荷载形成复合地基。该法适用于条基、独立基础、箱基、筏基，可用来提高地基承载力和减少变形。对可液化地基，可采用碎石桩和水泥粉煤灰碎石桩多桩型复合地基，达到消除地基土的液化和提高承载力的目的。

### 10. 石灰桩法

适用于处理饱和黏性土、淤泥、淤泥质土、杂填土和素填土等地基。用于地下水位以上的土层时，可采取减少生石灰用量和增加掺合料含水量的办法提高桩身强度。该法不适用于地下水下的砂类土。

11. 反土挤密桩法和土挤密桩法

适用于处理地下水位以上的湿陷性黄土、素填土和杂填土等地基，可处理的深度为 5~15 m。当用来消除地基土的湿陷性时，宜采用土挤密桩法；当用来提高地基土的承载力或增强其水稳定性时，宜采用灰土挤密桩法；当地基土的含水量大于 24%、饱和度大于 65%时，不宜采用这种方法。灰土挤密桩法和土挤密桩法在消除土的湿陷性和减少渗透性方面效果基本相同，土挤密桩法地基的承载力和水稳定性不及灰土挤密桩法。

12. 桩锤冲扩桩法

适用于处理杂填土、粉土、黏性土、素填土和黄土等地基，对地下水位以下的饱和松软土层，应通过现场试验确定其适用性。地基处理深度不宜超过 6 m。

13. 单液硅化法和碱液法

适用于处理地下水位以上渗透系数为 0.1~2 米/天的湿陷性黄土等地基。在自重湿陷性黄土场地，对Ⅱ级湿陷性地基，应通过试验确定碱液法的适用性。

14. 综合比较法

在确定地基处理方案时，宜选取不同的多种方法进行比选。对复合地基而言，方案选择是针对不同土性、设计要求的承载力提高幅质、选取适宜的成桩工艺和增强体材料。

地基基础其他处理办法还有：砖砌连续墙基础法、混凝土连续墙基础法、单层或多层条石连续墙基础法、浆砌片石连续墙（挡墙）基础法等。

以上地基处理方法与工程检测、工程监测、桩基动测、静载试验、土工试验、基坑监测等相关技术整合在一起，称之为地基处理的综合技术。

## （四）处理步骤

地基处理方案的确定可按下列步骤进行：

①搜集详细的工程质量、水文地质及地基基础的设计材料。

②根据结构类型、荷载大小及使用要求，结合地形地貌、土层结构、土质条件、地下水特征、周围环境和相邻建筑物等因素，初步选定几种可供考虑的地基处理方案。另外，在选择地基处理方案时，应同时考虑上部结构、基础和地基的共同作用；也可选用加强结构措施（如设置圈梁和沉降缝等）和处理地基相结合的方案。

③对初步选定的各种地基处理方案，分别从处理效果、材料来源及消耗、机具条件、

施工进度、环境影响等方面进行认真的技术经济分析和对比，根据安全可靠、施工方便、经济合理等原则，从而因地制宜地确定最佳的处理方法。值得注意的是，每一种处理方法都有一定的适用范围、局限性和优缺点，没有一种处理方案是万能的。必要时也可选择两种或多重地基处理方法组成的综合方案。

④对已选定的地基处理方法，应按建筑物重要性和场地复杂程度，可在有代表性的场地上进行相应的现场试验和试验性施工，并进行必要的测试以验算设计参数和检验处理效果。如达不到设计要求时，应查找原因、采取措施或修改设计以达到满足设计的要求为目的。

⑤地基土层的变化是复杂多变的，因此，确定地基处理方案，一定要有经验的工程技术人员参加，对重大工程的设计一定要请专家们参加。当前有一些重大的工程，由于设计部门缺乏经验和过分保守，往往使很多方案确定得不合理，浪费也是很严重的，必须引起有关领导的重视。

## （五）基础工程

### 1. 浅基础

通常把埋置深度不大，只须经过挖槽、排水等普通施工程序就可以建造起来的基础称为浅基础。它可扩大建筑物与地基的接触面积，使上部荷载扩散。浅基础主要有：

①独立基础（如大部分柱基）。

②条形基础（如墙基）。

③筏形基础（如水闸底板）。

当浅层土质不良，须把基础埋置于深处的较好地层时，就要建造各种类型的深基础，如桩基础、墩基础、沉井或沉箱基础、地下连续墙等。它将上部荷载传递到周围地层或下面较坚硬地层上。

### 2. 桩基础

一种古老的地基处理方式。中国隋朝的郑州超化寺塔和五代的杭州湾海堤工程都采用桩基。按施工方法不同，桩可分为预制桩和灌注桩。预制桩是将事先在工厂或施工现场制成的桩，用不同沉桩方法沉入地基；灌注桩是直接在设计桩位开孔，然后在孔内浇灌混凝土而成。

### 3. 沉井和沉箱基础

沉井又称开口沉箱。它是将上下开敞的井筒沉入地基，作为建筑物基础。沉井有较大的刚度，抗震性能好，既可作为承重基础，又可作为防渗结构。沉箱又称气压沉箱，其形状、结构、用途与沉井类似，只是在井筒下端设有密闭的工作室，下沉时，把压缩空气压入工作室内，防止水和土从底部流入，工人可直接在工作室内干燥状态下施工。

4. 地下连续墙

利用专门机具在地基中造孔、泥浆固壁、灌注混凝土等材料而建成的承重或防渗结构物。它可做成水工建筑物的混凝土防渗墙；也可作为一般土木建筑的挡土墙、地下工程的侧墙等。墙厚一般 40~130 cm。

5. 土基加固

采取专门措施改善土基的工程性质。土基加固方法很多，如置换法、碾压法、强夯法、爆炸压密、砂井、排水法、振冲法、灌浆、高压喷射灌浆等。

6. 置换法

置换法是将建筑物基础地面以下一定范围内的软弱土层挖除，置换以良好的无侵蚀性及低压缩性的散粒材料（土、砂、碎石）或与建筑物相同的材料，然后压实或夯实。一般用基用砂或碎石置换，称砂垫层或碎石垫层。

7. 强夯法

用几十吨重的夯锤，从几十米高处自由落下，进行强力夯实的地基处理方法。夯锤一般重 10~40 t，落距 6~40 m，处理深度可达 10~20 m。采用强夯法要注意可能发生的副作用及其对邻近建筑物的影响。

8. 排水法

排水法是采取相应措施如砂垫层、排水井、塑料多孔排水板等，使软基表层或内部形成水平或垂直排水通道，然后在土壤自重或外界荷载作用下，加速土壤中水分的排出，使土壤固结的方法。

如排水井法：在地基内按一定的间距打孔，孔内灌注透水性良好的砂，缩短排水路径，并在上部施加预压荷载的处理方法。它可加速地基固结和强度增长，提高地基稳定性，并使基础沉降提前完成。砂井直径一般 25~50 cm，间距 2~3 m。砂井一般用射水法造孔，也可采用袋砂井、排水纸板等，还可采用真空预压法，即用抽真空的办法加压，可取得相应于 80 kPa 的等效荷载。

9. 振冲法

用振冲器加固地基的方法，即在砂土中加水振动使砂土密实。用振冲法造成的砂石桩或碎石桩，都称振冲桩。

## 10. 灌浆

借助于压力，通过钻孔或其他设施将浆液压送到地基孔隙或缝隙中，改善地基强度或防渗性能的工程措施，主要有固结灌浆、帷幕灌浆、接触灌浆、化学灌浆以及高压喷射灌浆。

（1）固结灌浆

是通过面状布孔灌浆，以改善基岩的力学性能，减少基础的变形和不均匀沉降；改善工作条件，减少基础开挖深度的一种方法。特点是：灌浆面积较大，深度较浅，压力较小。

（2）帷幕灌浆

是在基础内，平行于建筑物的轴线，钻一排或几排孔，用压力灌浆法将浆液灌入岩石的缝隙中去，形成一道防渗帷幕，截断基础渗流，降低基础扬压力的一种方法。特点是：深度较深，压力较大。

（3）接触灌浆

是在建筑物和岩石接触面之间进行灌浆，以加强二者之间的结合程度和基础的整体性，提高抗滑稳定，同时也增进岩石固结与防渗性能的一种方法。

（4）化学灌浆

是以一种高分子有机化合物为主体材料的灌浆方法。这种浆材呈溶液状态，能灌入 0.10 mm 以下的细微管缝，浆液经过一定时间起化学作用，可将裂缝黏合起来形成凝胶，起到堵水防渗以及补强的作用。

（5）高压喷射灌浆

通过钻入土层中的灌浆管，用高压压入某种流体和水泥浆液，并从钻杆下端的特殊喷嘴以高速喷射出去的地基处理方法。在喷射的同时，钻杆以一定速度旋转，并逐渐提升；高压射流使四周一定范围内的土体结构遭受破坏，并被强制与浆液混合，凝固成具有特殊结构的圆柱体，也称旋喷桩。如采用定向喷射，可形成一段墙体，一般每个钻孔定喷后的成墙长度为 3~6 m。用定喷在地下建成的防渗墙称为定喷防渗墙。喷射工艺有三种类型：①单管法；②二重管法；③三重管法。

## 11. 水泥土搅拌桩

水泥土搅拌桩地基系利用水泥作为固化剂，通过深层搅拌机在地基深部，就地将软土和固化剂（浆体或粉体）强制拌和，利用固化剂和软土发生一系列物理、化学反应，使凝结成具有整体性、水稳性好和较高强度的水泥加固体，与天然地基形成复合地基。

## 12. 岩基加固

少裂隙、新鲜、坚硬的岩石，强度高，渗透性低，一般可以不加处理作为天然地基。但风化岩、软岩、节理裂隙等构造发育的岩石，须采取专门措施进行加固。岩基加固的方法，有开挖置换、设置断层混凝土塞、锚固、灌浆等。

## 13. 开挖置换

类似土基加固的换土法，将设计规定的建筑物建基高程以上的风化岩全部开挖，用混凝土置换。

## 14. 设置断层混凝土塞

将断层内断层角砾岩、断层泥挖除至一定深度，回填混凝土，形成混凝土塞。

## 15. 锚固

在岩石内埋设锚索，用以抵抗侧向力或向上的力；通常锚索为被水泥浆或其他固定剂所包裹的高强度钢件（钢筋、钢丝或钢束）。锚固法也可以加固土基。

## 16. 灌浆

主要有帷幕灌浆和固结灌浆。

# （六）综合技术

## 1. 地基处理前

利用软弱土层作为持力层时，可按下列规定执行：

①淤泥和淤泥质土，宜利用其上覆较好土层作为持力层，当上覆土层较薄时，应采取避免施工时对淤泥和淤泥质土扰动的措施。

②冲填土、建筑垃圾和性能稳定的工业废料，当均匀性和密实度较好时，均可利用起来作为持力层。

③对于有机质含量较多的生活垃圾和对基础有侵蚀性的工业废料等杂填土，未经处理不宜作为持力层。局部软弱土层以及暗塘、暗沟等，可采用基础梁、换土、桩基或其他方法处理。在选择地基处理方法时，应综合考虑场地工程地质和水文地质条件、建筑物对地基要求、建筑结构类型和基础形式、周围环境条件、材料供应情况、施工条件等因素，经过技术经济指标比较分析后择优采用。

## 2. 地基处理设计时

地基处理设计时，应考虑上部结构，基础和地基的共同作用，必要时应采取有效措施，加强上部结构的刚度和强度，以增加建筑物对地基不均匀变形的适应能力。对已选定的地基处理方法，宜按建筑物地基基础设计等级，选择代表性场地进行相应的现场试验，并进行必要的测试，以检验设计参数和加固效果，同时为施工质量检验提供相关依据。

### 3. 地基处理后

经处理后的地基，当按地基承载力确定基础底面积及埋深而要对地基承载力特征值进行修正时，基础宽度的地基承载力修正系数取零，基础埋深的地基承载力修正系数取 1.0；在受力范围内仍存在软弱下卧层时，应验算软弱下卧层的地基承载力。对受较大水平荷载或建造在斜坡上的建筑物或构筑物，以及钢油罐、堆料场等，地基处理后应进行地基稳定性计算。结构工程师须根据有关规范分别提供用于地基承载力验算和地基变形验算的荷载值；根据建筑物荷载差异大小、建筑物之间的联系方法、施工顺序等，按有关规范和地区经验对地基变形允许值合理提出设计要求。地基处理后，建筑物的地基变形应满足现行有关规范的要求，并在施工期间进行沉降观测，必要时应在使用期间继续观测，用以评价地基加固效果和作为使用维护依据。复合地基设计应满足建筑物承载力和变形要求。地基土为欠固结土、膨胀土、湿陷性黄土、可液化土等特殊土时，设计要综合考虑土体的特殊性质，选用适当的增强体和施工工艺。复合地基承载力特征值应通过现场复合地基载荷试验确定，或采用增强体的载荷试验结果和其周边土的承载力特征值结合经验确定。

## 二、清基处理

### （一）新堤清基

堤基处理属隐蔽工程，直接影响堤的安全，一旦发生事故，较难补救。因此，必须按设计要求认真施工，清基厚度不小于 0.3 m，直至清到原状土为止，清基的范围大于设计边线 5 m。

根据设计要求，充分研究工程地质和水文地质资料，制定有关技术措施，对于缺少或遗漏的部分，会同设计单位补充勘探和试验。

清理堤基及铺盖地基时，将树木、草皮、树根、乱石、坟墓以及各种建筑物等全部消除，并认真做好水井、泉眼、地道、洞穴等的处理。

堤基表层的粉土、细砂、淤泥、腐殖土、泥炭均应按设计要求清除。

工程范围内的地质勘探孔、竖井、平洞、试坑均按图逐一检查，彻底处理。

清基结束，进行碾压并经联合验收合格后方可进行下一道施工工序。

## （二）质量控制措施

在施工中应积极推行全面质量管理，并加强人员培训，建立健全各级责任制，以保证施工质量达到设计标准、工程安全可靠与经济合理。

施工人员必须对质量负责，做好质量管理工作，实行自检、互检、交接班检，并设立主要负责人领导下的专职质量检查机构。

质检人员与施工人员都必须树立"预防为主"和"质量第一"的观点；双方密切配合，控制每一道工序的操作质量，防止发生质量事故。

质量控制按国家和部颁的有关标准、工程的设计和施工图、技术要求以及工地制定的施工规程制度执行。质量检查部门对所有取样检查部位的平面位置、高程、检验结果等均应如实记录，并逐班、逐日填写质量报表，分送有关部门和负责人。质检资料必须妥善保存，防止丢失，严禁自行销毁。

质量检查部门应在验收小组领导下，参加施工期的分部验收工作，特别隐蔽工程，应详细记录工程质量情况，必要时应照相或取原状样品保存。

施工过程中，对每班出现的质量问题、处理经过及遗留问题，在现场交接班记录本上详细写明，并由值班负责人签署。针对每一质量问题，在现场做出的决定，必须由主管技术负责人签署，作为施工质控的原始记录。

发生质量事故时，施工部门应会同质检部门查清原因，提出补救措施，及时处理，并提出书面报告。

## （三）堤基处理质量控制

堤基处理过程中，必须严格按设计和有关规范要求，认真进行质量控制，并应事先明确检查项目和方法。

填筑前按有关规范对堤基进行认真检查。

洒水湿润情况。

铺土厚度和碾压参数。

碾压机具规格、重量。

随时检查碾压情况，以判断含水量、碾重等是否适当。

有无层间光面、剪力破坏、弹簧土、漏压或欠压土层、裂缝等。

⑧堤坡控制情况。

# 第四节 爆破技术

## 一、浅孔爆破

炮孔深度小于 5 m，孔径小于 75 mm 的钻孔爆破叫浅孔爆破。浅孔爆破炮孔布置的主要技术参数为：

### （一）最小抵抗线（$W_p$）

浅孔爆破的最小抵抗线 $W_p$ 通常根据钻孔直径和岩石性质来确定，即

$$W_p = kWd \tag{2-4}$$

式中：$W_p$——最小抵抗线（m），通常取药包中心到临空面的最短距离；

$kW$——系数，一般采用 15~30。对于坚硬岩石取较小值，中等坚硬岩石取较大值；

$d$——钻孔最大直径（cm）。

### （二）台阶爆破中的台阶高度（$H$）

$$H = (1.2 \sim 2.0)W_p \tag{2-5}$$

### （三）炮孔深度（$h$）

在坚硬岩石中

$$h = (1.1 \sim 1.15)H \tag{2-6}$$

在松软岩石中

$$h = (0.85 \sim 0.95)H \tag{2-7}$$

在中硬岩石中

$$h = H \tag{2-8}$$

### （四）炮孔间距（$a$）及排距（$b$）

火雷管起爆时

$$a = (1.2 \sim 2.0)W_p \tag{2-9}$$

电雷管起爆时

$$a = (0.8 \sim 2.0)W_p \tag{2-10}$$

排距一般采用

$$b = (0.8 \sim 1.2)W_p \qquad (2-11)$$

## （五）装药及起爆

药量计算公式：

$$Q = 0.33Kabh \qquad (2-12)$$

式中，$K$——炸药单耗，$kg/m^3$。

$Q$——药量；$kg/m^3$。

炮孔装药长度通常相当于孔深的 $1/3 \sim 1/2$，当装填散装药时，须用木棍捣实，增大装药密度以提高爆破效果。装药卷时，将雷管装入一个药卷中，制成起爆药卷，放在装药全长的 $1/3 \sim 1/2$ 处（由上部算起）。浅孔爆破中，堵塞长度不能小于最小抵抗线。

# 二、深孔爆破

孔深大于 5 m，孔径大于 75 mm 的钻孔爆破叫作深孔爆破。深孔爆破炮孔布置的主要技术参数为：

## （一）计算抵抗线 $W_p$（m）

$$W_p = HDnd/150 \qquad (2-13)$$

式中：$H$——阶梯高度（m）；

$D$——岩石硬度系数，一般取 $0.46 \sim 0.56$；

$n$——阶梯高度影响系数；

$d$——钻孔最大直径（cm）。

## （二）超钻深度 $\Delta H$

$$\Delta H = (0.12 \sim 0.3)H$$

或

$$\Delta H = (0.15 \sim 0.35)W_p \qquad (2-14)$$

岩石越坚硬超钻深度越大。

## （三）炮孔间距 $a$

$$a = (0.7 \sim 1.4)W_p$$

或

$$a = mW_p \qquad (2-15)$$

对于宽孔距爆破 $m = 2 \sim 5$。

## (四) 炮孔排距 $b$

$$b = a\sin 60 = 0.87a \qquad (2-16)$$

## (五) 药包重量 $Q$

$$Q = 0.33KHW_p a \qquad (2-17)$$

式中，$K$——炸药单耗，$kg/m^3$。

## (六) 堵塞长度 $L$

$$L = (0.5 \sim 0.7)H$$

或

$$L = (20 \sim 30)D \qquad (2-18)$$

# 三、孔眼爆破

根据孔径的大小和孔眼的深度可采用浅孔爆破法和深孔爆破法。前者孔径小于 75 mm，孔深小于 5 m；后者孔径大于 75 mm，孔深大于 5 m。前者适用于各种地形条件和工作面的情况，有利于控制开挖面的形状和规格，使用的钻孔机具较简单，操作方便，但生产效率低，孔耗大，不适合大规模的爆破工程。而后者恰好弥补了前者的缺点，适用于料场和基坑的规模大、强度高的采挖工作。

## (一) 炮孔布置原则

无论是浅孔还是深孔爆破，施工中均须形成台阶状以合理布置炮孔，充分利用天然临空面或创造更多的临空面。这样不仅有利于提高爆破效果，降低成本，也便于组织钻孔、装药、爆破和出碴的平行流水作业，避免干扰，加快进度。布孔时，宜使炮孔与岩石层面和节理面正交，不宜穿过与地面贯穿的裂缝，以防漏气，影响爆破效果。深孔作业布孔，应考虑不同性能挖掘机对掌子面的要求。

## (二) 改善深孔爆破效果的技术措施

一般开挖爆破要求岩块均匀，大块率低；形成的台阶面平整，不留残碴；较高的钻孔延米爆落量和较低的炸药单耗。改善深孔爆破效果的主要措施有以下几个方面：

### 1. 合理利用或创造人工自由面

实践证明，充分利用多面临空的地形，或人工创造多面临空的自由面，有利于降低爆破单位耗药量。适当增加梯段高度或采用斜孔爆破，均有利于提高爆破效率。平行坡面的斜孔爆破，由于爆破时沿坡面的阻抗大体相等，且反射拉力波的作用范围增大，通常可较竖孔的能量利用率提高 50%。斜孔爆破后边坡稳定，块度均匀，还有利于提高装碴效率。

### 2. 改善装药结构

深孔爆破多采用单一炸药的连续装药，且药包往往处于底部，孔口不装药段较长，导致大块的产生。采用分段装药虽增加了一定施工难度，但可有效降低大块率；采用混合装药方式，即在孔底装高威力炸药，上部装普通炸药，有利于减少超钻深度；在国内外矿山部门采用的空气间隔装药爆破技术也被证明是一种改善爆破破碎效果、提高爆炸能量利用率的有效方法。

### 3. 优化起爆网路

优化起爆网路对提高爆破效果，减轻爆破震动危害起着十分重要的作用。选择合理的起爆顺序和微差间隔时间对于增加药包爆破自由面，促使爆破岩块相互撞击以减小块度，防止爆破公害具有十分重要的作用。

### 4. 采用微差挤压爆破

微差挤压爆破是指爆破工作面前留有碴堆的微差爆破。由于留有碴堆，从而促使爆岩在运动过程中相互碰撞，前后挤压，获得进一步破碎，改善了爆破效果。微差挤压爆破可用于料场开挖及工作面小、开挖区狭长的场合，如溢洪道、渠道开挖等。它可以使钻孔和出碴作业互不干扰，平行连续作业，从而提高工作效率。

### 5. 保证堵塞长度和堵塞质量

实践证明，当其他条件相同时，堵塞良好的爆破效果及能量利用率较堵塞不良的场合可以大幅提高。

## 四、光面爆破和预裂爆破

20 世纪 50 年代末期，由于钻孔机械的发展，出现了一种密集钻孔小装药量的爆破新技术。在露天堑壕、基坑和地下工程的开挖中，使边坡形成比较陡峻的表面；使地下开挖的坑道面形成预计的断面轮廓线，避免超挖或欠挖，并能保持围岩的稳定。

实现光面爆破的技术措施有两种：一种方法是开挖至边坡线或轮廓线时，预留一层厚度为炮孔间距1.2倍左右的岩层，在炮孔中装入低威力的小药卷，使药卷与孔壁间保持一定的空隙，爆破后能在孔壁面上留下半个炮孔痕迹；另一种方法是先在边坡线或轮廓线上钻凿与壁面平行的密集炮孔，首先起爆以形成一个沿炮孔中心线的破裂面，以阻隔主体爆破时地震波的传播，还能隔断应力波对保留面岩体的破坏作用，通常称预裂爆破。这种爆破的效果，无论在形成光面或保护围岩稳定，均比光面爆破好，是隧道和地下厂房以及路堑和基坑开挖工程中常用的爆破技术。

## 五、定向爆破

定向爆破是利用最小抵抗线在爆破作用中的方向性这个特点，设计时利用天然地形或人工改造后的地形，使最小抵抗线指向要填筑的目标。这种技术已广泛地应用在水利筑坝、矿山尾矿坝和填筑路堤等工程上。它的突出优点是在极短时期内，通过一次爆破完成土石方工程挖、装、运、填等多道工序，节约大量的机械和人力，费用省，工效高；缺点是后续工程难以跟上，而且受到某些地形条件的限制。

## 六、控制爆破

不同于一般的工程爆破，控制爆破对由爆破作用引起的危害有更加严格的要求，多用于城市或人口稠密、附近建筑物群集的地区拆除房屋、烟囱、水塔、桥梁以及厂房内部各种构筑物基座的爆破。因此，又称拆除爆破或城市爆破。

### （一）控制爆破所要求控制的内容

①控制爆破破坏的范围，只爆破建筑物要拆除的部位，保留其余部分的完整性。

②控制爆破后建筑物的倾倒方向和坍塌范围。

③控制爆破时产生的碎块飞出距离，空气冲击波强度和音响的强度。

④控制爆破所引起的建筑物地基震动及其对附近建筑物的震动影响，也称爆破地震效应。

爆破飞石、滚石控制：产生爆破飞石的主要原因是对地质条件调查不充分，炸药单耗太大或偏小造成冲炮；炮孔偏斜抵抗线太小，防护不够充分；毫秒起爆网路安排，特别是排间毫秒延迟时间安排不合理造成冲炮等。

### （二）控制爆破时要采取的相应措施

监理工程师会同施工单位爆破工程师，现场严格要求施工人员按爆破施工工艺要求进行爆破施工，并考虑采取以下措施：

①严格监督对爆破飞石、滚石的防护和安全警戒工作，认真检查防护排架、保护物体近体防护和爆区表面覆盖防护是否达到设计要求，人员、机械的安全警戒距离是否达到了规程的要求等。

②对爆破施工进行信息化管理，不断总结爆破经验、教训，针对具体的岩体地质条件，确定合理的爆破参数。严格按设计和具体地质条件选择单位炸药消耗量，保证堵塞长度和质量。

③爆破最小抵抗线方向应尽量避开保护物。

④确定合理的起爆模式和延迟起爆时间，尽量使每个炮孔有侧向自由面，防止因前排带炮（后冲）而造成后排最小抵抗线大小和方向失控。

⑤钻孔施工时，如发现节理、裂隙发育等特殊地质构造，应积极会同施工单位调整钻孔位置、爆破参数等；爆破装药前验孔，特别要注意前排炮孔是否有裂缝、节理、裂隙发育，如果存在特殊地质构造，应调整装药参数或采用间隔装药形式、增加堵塞长度等措施；装药过程中发现装药量与装药高度不符时，应说明该炮孔可能存在裂缝并及时检查原因，采取相应措施。

⑥在靠近建（构）筑物、居民区及社会道路较近的地方实施爆破作业，必须根据爆破区域周围环境条件，采取有效的防护措施。常用的飞石、滚石安全防护方法有：

第一，立面防护。在坡脚、山体与建筑物或公路等被保护物间搭设足够高度的防护排架进行遮挡防护。在坡脚砌筑防滚石堤或挖防滚石沟。

第二，保护物近体防护。在被保护物表面或附近空间用竹排、沙袋或铁丝网等进行防护。

第三，爆区表面覆盖防护。根据爆区距离保护物的远近，可采用特种覆盖防护、加强覆盖防护、一般防护等。

⑦若工程有陡壁悬崖，要及时清理山体上的浮石、危石，确保施工安全。

# 第五节　高压喷射灌浆技术

## 一、概述

高压喷射灌浆技术是指利用高压射流的冲击力破坏被灌土体，使浆液与土粒掺和凝结，从而形成防渗板墙的一种施工技术。用该项技术对堤坝工程进行防渗加固时，应先在设计的预定位置钻孔，然后放入高压注浆管，并通过管道与高压水泵（三管法）、空气压缩机和水泥搅拌机等连接。操作时，按规定要求一边灌注浆液，一边提升高压注浆管，实现水泥浆和土粒的掺搅混合，形成凝结体，逐孔连续进行，最后连接成板墙帷幕，达到防渗加固的目的。

高压喷射灌浆技术按喷射形式可分为旋喷、摆喷和定喷三种。

### （一）旋喷

可形成桩柱状凝结体，主要适用于地基加固，同时也可适用于高水头的柱列式防渗墙。

### （二）摆喷

可形成较厚的板墙，适用于中低水头的防渗板墙。

### （三）定喷

可形成薄板墙，适用于低水头的防渗工程。

## 二、高压喷射灌浆机理

### （一）冲切掺搅

高压水或浆液从直径为 2~3 mm 的喷射嘴射出，在动水压力冲击下，沿喷射方向冲切搅拌土体。

### （二）升扬置换

水气或浆气同轴同方向喷射，压缩气体在水射束周围形成气幕，保护水或浆射束，减少射流与土的摩阻力，使射水束能量不过早衰减，以增加冲切距离。在冲切过程中，水、气、浆与地基中的土粒掺搅混合，形成夹气混合液，沿冲切范围及孔壁与管路周围间隙冒出地面。由于压缩空气在浆液中分散形成的气泡与地面大气的压差，冒出的浆液呈沸腾状，增加了升扬夹带能力，使作用范围内的土体细颗粒容易带出地面，留下的土体粗颗粒和水泥浆混合，有利于增加凝结体强度。

### （三）充填挤压

水泥浆液将高压水射流置换形成的空腔予以充填。结束喷射后一定时间仍要注入水泥浆,形成一定的压力水泥浆槽,既防止水泥浆凝结后凝结体的收缩,又有利于浆液对板墙两侧土体的挤压渗透,使板墙和两侧土体结合紧密。

### (四)渗透凝结

注浆过程中,水泥浆液向两侧土体孔隙中渗透形成凝结层,厚度因土体颗粒级配及孔隙度而异,在孔隙度很大的砂卵石地层中厚度可达 10~50 cm,在细砂层或壤土层中厚度较小。

### (五)位移袱裹

冲切搅拌过程中,遇有大颗粒,将使射流受阻,但随着自下而上的冲切掺搅,大颗粒下沉,水泥浆在大颗粒周围形成袱裹充填凝结作用。

## 三、高压喷射灌浆施工

### (一)施工设备

分三管、二管和单管,构件各有不同。三管法包括高压水泵、空气压缩机、浆液搅灌机;二管法包括空气压缩机和高压泥浆泵;单管法只设高压泥浆泵。上述三种设备在施工时都必须备有进行旋、摆、定喷及提升的孔口装置。

### (二)施工方法

因工程要求喷射介质的不同,可分为只用水泥浆液的单管施工方法、气加水泥浆的双管施工方法和水加气加水泥浆液的三管施工方法。单管和双管法适用于淤泥质地层或要求旋喷桩等直径比较小的工程。三管法适用于地层比较复杂,尤其是一些有大粒径、土质硬的地层或一些工程要求大桩径的情况。

1. 单管法

浆液压力可达 10~25 MPa,排量为 70~250 L/min;由于须用高压泥浆泵直接压送浆液,泵易磨损;射流与两侧上体摩阻力大,射流受限,形成的凝结体较小,一般桩径为 0.4~0.9 m。

2. 双管法

用气幕保护水泥浆液射束,使气、浆同轴同向喷射,浆压力为 10~25 MPa,排量为 600~1200 L/min。与单管法相比,由于有气幕保护,形成的凝结体增加约 1 倍。

### 3. 三管法

水、气同轴同向喷射，气幕保护水射束，同时由注浆管底部输送浆液，高压水泵压力为 25~50 MPa，排量为 800~1500 L/min。浆液采用水泥浆或水泥加黏土浆，输送量为 80~160 L/min，浆液的相对密度为 1.6~1.8 g/cm³。浆液压力较低，只要注入孔底，利用高压水形成的负压，将浆液带入沟槽。由于高压泵直接压入清水，可使用压力较高的高压水泵，机械不易磨损，形成的凝结体较单管法和双管法大 0.5 倍。

## （三）喷射形式

高压喷射灌浆的喷射形式有旋喷、摆喷和定喷三种。

高压喷射灌浆形成凝结体的形状与喷嘴移动方向和持续时间有密切关系。喷嘴喷射时，一面提升，一面进行旋喷则形成柱状体；一面提升，一面进行摆喷则形成哑铃体；当喷嘴一面喷射，一面提升，方向固定不变，进行定喷，则形成板状体。这三种喷射形式切割破碎土层的作用，以及被切割下来的土体与浆液搅拌混合，进而凝结、硬化和固结的机制基本相似，只是喷嘴运动方式的不同致使凝结体的形状和结构有所差异。

## （四）质量检查

### 1. 检查内容

包括固结体的整体性、均匀性和垂直度，有效直径或加固长度、宽度，强度特性（包括轴向压力、水平推力、抗酸碱性、抗冻性和抗渗性等），溶蚀和耐久性能等几个方面。

### 2. 质量检测方法

有开挖检查、室内试验、钻孔检查、荷载试验以及其他非破坏性试验方法等。

# 第三章 水资源规划及优化配置

## 第一节 水资源规划

### 一、水资源规划概述

#### （一）水资源规划的概念

水资源规划是我国水利规划的主要组成部分，对水资源的合理评价、供需分析、优化配置和有效保护具有重要的指导意义。水资源规划的概念是人类长期从事水事活动的产物，是人类在漫长历史过程中在防洪、抗旱、灌溉等一系列的水利活动中逐步形成的，并随着人类生活及生产力的提高而不断地发展变化。

水资源规划就是在开发利用水资源过程中，对水资源的开发目标及其功能在相互协调的前提下做出总体安排。具体来说是指在统一的方针、任务和目标的约束下，对有关水资源的评价、分配和供需平衡分析及对策，以及针对方案实施后可能对经济、社会和环境的影响而制定的总体安排。或者说是以水资源利用、调配为对象，在一定区域内为开发水资源、防治水患、保护生态环境、提高水资源综合利用效益而制定的总体措施、计划与安排。

#### （二）水资源规划的编制原则

水资源规划是为适应社会和经济发展的需要而制定的对水资源开发利用和保护工作的战略性布局。其作用是协调各用水部门和地区间的用水要求，使有限的可用水资源在不同用户和地区间合理分配，减少用水矛盾，以达到社会、经济和环境效益的优化组合，并充分估计规划中拟订的水资源开发利用可能引发的对生态环境的不利影响，并提出对策，实现水资源可持续利用的目的。

**1. 全局统筹，兼顾社会经济发展与生态环境保护的原则**

水资源规划是一个系统工程，必须从整体、全局的观点来分析评价水资源系统，以整体最优为目标，避免片面追求某一方面、某一区域作用的水资源规划。水资源规划不仅要有全局统筹的要求，在当前生态环境变化的背景下，还要兼顾社会经济发展与生态环境保护之间的平衡。区域社会经济发展要以不破坏区域生态环境为前提，同时要与水资源承载力和生态环境承载力相适应，在充分考虑生态环境用水需求的前提下，制定合理的国民经济发展的可供水量，最终实现社会经济与生态环境的可持续协调发展。

**2. 水资源优化配置原则**

从水循环角度分析，考虑水资源利用的供用耗排过程，水资源配置的核心实际是关于流域耗水的分配和平衡。具体来讲，水资源合理配置是指依据社会经济与生态环境可持续发展的需要，以有效、公平和可持续发展的原则，对有限的、不同形式的水资源，通过工程和非工程措施，调节水资源的时空分布等，在社会经济与生态环境用水，以及社会经济构成中各类用水户之间进行科学合理的分配。由于水资源的有限性，在水资源分配利用中存在供需矛盾，如各类用水户竞争、流域协调、经济与生态环境用水效益、当前用水与未来用水等一系列的复杂关系。水资源的优化配置就是要在上述一系列复杂关系中寻求一个各个方面都可接受的水资源分配方案。一般而言，要以实现总体效益最大为目标，避免对某一个体的效益或利益的片面追求。而优化配置则是人们在寻找合理配置方案中所利用的方法和手段。

**3. 可持续发展原则**

从传统发展模式向可持续发展模式转变，必然要求传统发展模式下的水利工作方针向可持续发展模式下的水利工作方针实现相应的转变。因此，水资源规划的指导思想，要从传统的偏于对自然规律和工程规律的认识，向更多认识经济规律和管理作用过渡；从注重单一工程的建设，向发挥工程系统的整体作用并注意水资源的整体性努力；从以工程措施为主，逐步转向工程措施与非工程措施并重；由主要依靠外延增加供水，逐步向提高利用效率和挖潜配套改造等内涵发展方式过渡；从单纯注重经济用水，逐步转向社会经济用水与生态环境用水并重；从单纯依靠工程手段进行资源配置，向更多依靠经济、法律、管理手段逐步过渡。

**4. 系统分析和综合利用原则**

水资源规划涉及多个方面、多个部门及众多行业，同时在各用水户竞争、水资源时空分布、优化配置等一系列的复杂关系中很难实现水资源供需完全平衡。这就须要在制订水资源规划时，既要对问题进行系统分析，又要采取综合措施，开源与节流并举，最大限度地满足各方面的需求，让有限的水资源创造更多的效益，实现其效用价值的最大化。同时进行水资源的再循环利用，提高污水的处理率，实现污水再处理后用于清洗、绿化灌溉等领域。

## （三）水资源规划的指导思想

水资源规划要综合考虑社会效益、经济效益和环境效益，确保社会经济发展与水资源利用、生态环境保护相协调。

要考虑水资源的可承载能力或可再生性，使水资源利用在可持续利用的允许范围内，确保当代人与后代人之间的协调。

要考虑水资源规划的实施与社会经济发展水平相适应，确保水资源规划方案在现有条件下是可行的。

要从区域或流域整体的角度来看待问题，考虑流域上下游以及不同区域用水间的平衡，确保区域社会经济持续协调发展。

要与社会经济发展密切结合，注重全社会公众的广泛参与，注重从社会发展根源上来寻找解决水问题的途径，也配合采取一些经济手段，确保"人"与"自然"的协调。

## （四）水资源规划的内容与任务

### 1. 水资源规划的内容

水资源规划涉及面比较广，涉及的内容包括水文学、水资源学、经济学、管理学、生态学、地理学等众多学科，涉及区域内一切与水资源有关的相关部分，以及工农业生产活动。如何制订合理的水资源规划方案，协调满足各行业及各类水资源使用者的利益，是水资源规划要解决的关键性基础问题，也是衡量水资源规划科学合理性的标准。

水资源规划的主要内容包括：

①水资源量与质的计算与评估、水资源功能的划分与协调；

②水资源的供需平衡分析与水量优化配置；

③水环境保护与灾害防治规划以及相应的水利工程规划方案设计及论证等。

水资源规划的核心问题，是水资源合理配置，即水资源与其他自然资源、生态环境及经济社会发展的优化配置，达到效用的最大化。

### 2. 水资源规划的任务

水资源系统规划是从系统整体出发，依据系统范围内的社会发展和国民经济部门用水的需求，制定流域或地区的水资源开发和河流治理的总体策划工作。其基本任务就是根据国家或地区的社会经济发展现状及计划，在满足生态环境保护以及国民经济各部门发展对水资源需求的前提下，针对区域内水资源条件及特点，按预定的规划目标，制订区域水资源的开发利用方案，提出具体的工程开发方案及开发次序方案等。区域水资源规划的制订不仅仅要考虑区域社会经济发展的要求，同时区域水资源条件和规划的制订对区域国民经济发展速度、结构、模式，生态环境保护标准等都具有一定的约束。区域水资源规划成果也对区域制订各项水利工程设施建设实施方案提供了依据。

水资源规划的具体任务是：

①评价区域内水资源开发利用现状；

②分析流域或区域条件和特点；

③预测经济社会发展趋势与用水前景；

④探索规划区内水与宏观经济活动间的相互关系，并根据国家建设方针政策和规定的目标要求，拟定区域在一定时间内应采取的方针、任务，提出主要措施方向、关键工程布局、水资源合理配置、水资源保护对策，以及实施步骤和对区域水资源管理的意见等。

## （五）水资源规划的类型

水资源系统规划根据不同范围和要求，主要分为以下几种类型：

### 1. 江河流域水资源规划

江河流域水资源规划的对象是整个江河流域。它包括大型江河流域的水资源规划和中小型河流流域的水资源规划。其研究区域一般是按照地表水系空间地理位置划分的，以流域分水岭为系统边界的水资源系统。内容涉及国民经济发展、地区开发、自然资源与环境保护、社会福利以及其他与水资源有关的问题。

### 2. 跨流域水资源规划

它是以一个以上的流域为对象，以跨流域调水为目标的水资源规划。跨流域调水涉及多个流域的社会经济发展、水资源利用和生态环境保护等问题。因此，规划中考虑的问题要比单个流域水资源规划更加广泛、复杂，要探讨水资源分配可能对各个流域带来的社会经济影响。

### 3. 地区水资源规划

地区水资源规划一般是以行政区域或经济区、工程影响区为对象的水资源系统规划。研究内容基本与流域水资源规划相近，规划的重点因具体的区域和水资源功能的不同而有所侧重。

## 4. 专门水资源规划

专门水资源规划是以流域或地区某一专门任务为对象或某一行业所做的水资源规划，如防洪规划、水力发电规划、灌溉规划、水资源保护规划、航运规划以及重大水利工程规划等。

## （六）水资源规划的一般程序

水资源规划的步骤，因研究区域、水资源功能侧重点的不同，所属行业的不同以及规划目标的差异而有所区别。但基本程序步骤一致，概括起来主要有以下几个步骤：

### 1. 现场勘探，收集资料

现场勘探，收集资料是最重要的基础工作。基础资料掌握的情况越详细越具体，越有利于规划工作的顺利进行。水资源规划需要收集的基础数据，主要包括相关的社会经济发展资料、水文气象资料、地质资料、水资源开发利用资料以及地形资料等。资料的精度和详细程度主要是根据规划工作所采用的方法和规划目标要求决定的。

### 2. 整理资料，分析问题，确定规划目标

对资料进行整理，包括资料的归并、分类、可靠性检查以及资料的合理插补等。通过整理、分析资料，明确规划区内的问题和开发要求，选定规划目标，作为制订规划方案的依据。

### 3. 水资源评价及供需分析

水资源评价的内容包括规划区水文要素的规律研究和降水量、地表水资源量、地下水资源量以及水资源总量的计算。在进行水资源评价之后，要进一步对水资源供需关系进行分析。其实质是针对不同时期的需水量，计算相应的水资源工程可供水量，进而分析需水的供应满足程度。

### 4. 拟订和选定规划方案

根据规划问题和目标，拟订若干规划方案，进行系统分析。拟订方案是在前面工作基础之上，根据规划目标、要求和资源的情况，人为拟订的。方案的选择要尽可能地反映各方面的意见和需求，防止片面的规划方案。优选方案是通过建立数学模型，采用计算机模拟技术，对拟选方案进行检验评价。

### 5. 实施的具体措施及综合评价

根据优选方案得到的规划方案，制定相应的具体措施，并进行社会、经济和环境等多准则综合评价，最终确定水资源规划方案。方案实施后，对国民经济、社会发展、生态与

环境保护均会产生不同程度的影响，通过综合评价法，多方面、多指标进行综合分析，全面权衡利弊得失，最后确定方案。

### 6. 成果审查与实施

成果审查是把规划成果按程序上报，通过一定程序审查。如果审查通过，进入到规划安排实施阶段；如果提出修改意见，就要进一步修改。

水资源规划是一项复杂、涉及面广的系统工程，在规划实际制订过程中很难一次性完成让各个部门和个人都满意的规划。规划要经过多次的反馈、协调，直至各个部门对规划成果都较满意为止。此外，由于外部条件的改变以及人们对水资源规划认识的深入，要对规划方案进行适当的修改、补充和完善。

## 二、水资源规划的基础理论

水资源规划涉及面广，问题往往比较复杂，不仅涉及自然科学领域知识，如水资源学、生态学、环境学等众多学科，以及水利工程建设等工程技术领域，同时还涉及经济学、社会学、管理学等社会科学领域。因此，水资源规划是建立在自然科学和社会科学两大基础之上的综合应用学科。水资源规划简化为三个层次的权衡。

①哲学层次：即基本价值观问题，如何看待自然状态下的水资源价值、生态环境价值，以及以人类自身利益为标准的水资源价值、生态环境价值，两者之间权衡的问题等。

②经济学层次：识别各类规划活动的边际成本，率定水利活动的社会效益、经济效益及生态环境效益。

③工程学层次：认识自然规律、工程规律和管理规律，通过工程措施和非工程措施保证规划预期实现。

### （一）水资源学基础

水资源学是水资源规划的基础，是研究地球水资源形成、循环、演化过程规律的科学。随着水资源科学的不断发展完善，在其成长过程中，其主要研究对象可以归结为三个方面：研究自然界水资源的形成、演化、运动的机理，水资源在地球上的空间分布及其变化的规律，以及在不同区域上的数量；研究在人类社会及其经济发展中为满足对水资源的需要而开发利用水资源的科学途径；研究在人类开发利用水资源过程中引起的环境变化，以及水循环自身变化对自然水资源规律的影响，探求在变化环境中如何保持水资源的可持续利用途径等。从水资源学的三个主要研究内容就可以看出，水资源学本身的研究内容涉及众多相关领域的基础科学，如水文学、水力学、水动力学等。以水的三相转化以及全球、区域水循环过程为基础，通过对水循环过程的深入研究，实现水资源规划的优化提高。

## （二）经济学基础

水资源规划的经济学基础主要表现在两个方面：一方面是水资源规划作为具体工程与管理项目本身对经济与财务核算的需要；另一方面是水资源规划作为区域国民宏观经济规划的重要组成部分，需要在国家经济体制条件下在政府层面进行宏观经济分析。在微观层面，水利工程项目的建设，需要进行投资效益、益本比、内部回收率以及边际成本等分析，具体工程的投资建设都需要进行工程投资财务核算，要求达到工程建设实施的财务计算净盈利。在宏观层面，仅以市场经济学的价值规律作为水资源规划的基础，必然使水资源的社会价值、生态环境效益、生态服务效益得不到充分的体现。因此，水资源规划既要在微观层面考虑具体水利工程的收益问题，更要考虑区域宏观经济可持续发展的需要。根据社会净福利最大和边际成本替代两个准则确定合理的水资源供需平衡水平，二者间的平衡水平应以更大范围内的全社会总代价最小为准则（即社会净福利最大），为区域国民经济发展提供合理科学持续的水资源保障。

## （三）工程技术基础

水资源的开发利用模式多种多样，涉及社会经济的各个方面，因此与之相关的科学基础均可看作是水资源规划的学科基础，如工程力学、结构力学、材料力学、水能利用学、水工建筑物学、农田水利、给排水工程学、水利经济学等，也包括有关的应用基础科学，如水文学、水力学、工程力学、土力学、岩石力学、河流动力学、工程地质学等，还包括现代信息科学，如计算机技术、通信、网络、遥感、自动控制等。此外，还涉及相关的地球科学，如气象学、地质学、地理学、测绘学、农学、林学、生态学、管理学等学科。

## （四）环境工程、环境科学基础

水资源规划中涉及的"环境"是一个广义的环境，包括环境保护意义下的环境，即环境的污染问题；另一个是生态环境，即普遍性的生态环境问题。水资源的开发利用不可避免地会影响到自然生态环境中水循环的改变，引起水环境、水化学性质、水生态等诸多方面发生相应的改变。从自然规律看，各种自然地理要素作用下形成的流域水循环，是流域复合生态系统的主要控制性因素，对人为产生的物理与化学干扰极为敏感。流域的水循环规律改变可能引起在资源、环境、生态方面的一系列不利效应：流域产流机制改变，在同等降水条件下，水资源总量会发生相应的改变；径流减少则导致河床泥沙淤积规律改变，在多沙河流上泥沙淤积又使河床抬高、河势重塑；径流减少还导致水环境容量减少而水质等级降低等。

## 三、水资源供需平衡分析

水资源供需平衡分析就是在综合考虑社会、经济、环境和水资源的相互关系基础上，分析不同发展时期、各种规划方案的水资源供需状况。水资源供需平衡分析就是采取各种措施使水资源供水量与需水量处于平衡状态。水资源供需平衡的基本思想就是"开源节流"。开源就是增加水源，包括各类新的水源、海水利用、非常规水资源的开发利用、虚拟水等，而节流就是通过各种手段抑制水资源的需求，包括通过技术手段提高水资源利用率和利用效率，如进行产业结构调整、改革管理制度等。

### （一）需水预测分析

需水预测是水资源长期规划的基础，也是水资源管理的重要依据。区域或流域的需水预测是制订区域未来发展规划的重要参考依据。需水预测是水资源供需平衡分析的重要环节。需水预测与供水预测及供需分析有密切的联系，需水预测要根据供需分析反馈的结果，对需水方案及预测成果进行反复和互动式的调整。

需水预测是在现状用水调查与用水水平分析的基础上，依据水资源高效利用和统筹安排生活、生产、生态用水的原则，根据经济社会发展趋势的预测成果，进行不同水平年、不同保证率和不同方案的需水量预测。需水量预测是一个动态预测过程，与利用效率、节约用水及水资源配量不断循环反馈，同时需水量变化与社会经济发展速度、结构、模式、工农业生产布局等诸多因素相关。如我国改革开放后，社会经济的迅速发展，人口的增长，城市化进程加速及生活水平的提高，都导致了我国水资源需求量的急剧增长。

#### 1. 需水预测原则

需水预测应以各地不同水平年的社会经济发展指标为依据，有条件时应以投入产出表为基础建立宏观经济模型。从人口与经济驱动增长的两大因素入手，结合具体的水资源状况、水利工程条件以及过去长期多年来各部门需水量增长的实际过程，分析其发展趋势，采用多种方法进行计算比对，并论证所采用的指标和数据的合理性。需水预测应着重分析评价各项用水定额的变化特点、用水结构和用水量的变化趋势，并分析计算各项耗水量的指标。

此外，预测中应遵循以下主要原则：

①以各规划水平年社会经济发展指标为依据，贯彻可持续发展的原则，统筹兼顾社会、经济、生态、环境等各部门发展对需水的要求。

②全面贯彻节水方针，研究节水措施推广对需水的影响。

③研究工、农业结构变化和工艺改革对需水的影响。

④需水预测要符合区域特点和用水习惯。

**2. 需水预测内容**

按照水资源的用途和对象，可将需水类型分为生产需水、生活需水和生态环境需水，其中生产需水包括第一产业需水（农业需水）和第二产业需水（主要指工业需水）。

（1）工业需水

工业需水是指在整个工业生产过程中所需水量，包括制造、加工、冷却、空调、净化、洗涤等各方面用水。一个地区的工业需水量大小，与该地区的产业结构、行业生产性质及产品结构、用水效率，企业生产规模、生产工艺、生产设备及技术水平、用水管理与水价水平、自然因素与取水条件有关。

（2）农业需水

农业需水是指农业生产过程中所需水量，按产业类型又可细化为种植业、林业、牧业、渔业。农业需水量与灌溉面积、方式、作物构成、田间配套、灌溉方式、渠系渗漏、有效降雨、土壤性质和管理水平等因素密切相关。

（3）生活需水

生活需水包括居民用水和公共用水两部分，根据地域又可分为城市生活用水和农村生活用水。居民生活用水是指居民维持日常生活的家庭和个人用水，包括饮用、洗涤等用水；公共用水包括机关办公、商业、服务业、医疗、文化体育、学校等设施用水，以及市政用水（绿化、道路清洁）。一个地区的生活用水与该地区的人均收入水平、水价水平、节水器具推广与普及情况、生活用水习惯、城市规划、供水条件和现状用水水平等多方面因素有关。

（4）生态环境需水

生态环境需水是维持生态系统最基本的生存条件及最基本的生态服务价值功能所需要的水量，包括森林、草地等天然生态系统用水，湿地、绿洲保护需水，维持河道基流用水等。它与区域的气候、植被、土壤等自然因素和水资源条件、开发程度、环境意识等多种因素有关。

### 3. 需水预测方法

（1）指标量值的预测方法

按照是否采用统计方法分为统计方法与非统计方法；按预测时期长短分为即期预测、短期预测、中期预测和长期预测；按是否采用数学模型方法分为定量预测法和定性预测法。常用的定量预测方法有趋势外推法、多元回归法和经济计量模型。

趋势外推法。根据预测指标时间序列数据的趋势变化规律建立模型，并用以推断未来值。这种方法从时间序列的总体进行考察，体现出各种影响因素的综合作用，当预测指标的影响因素错综复杂或有关数据无法得到时，可直接选用时间 $t$ 作为自变量，综合替代各种影响因素，建立时间序列模型，对未来的发展变化做出大致的判断和估计。该方法只需要预测指标历年的数据资料，工作量较小，应用也较方便。该方法根据原理的不同又可分为多种方法，如平均增减趋势预测、周期叠加外延预测（随机理论）与灰色预测等。

多元回归法。该方法通过建立预测指标（因变量）与多个主相关变量的因果关系来推断指标的未来值，所采用的回归方程为单一方程。它的优点是能简单定量地表示因变量与多个自变量间的关系，只要知道各自变量的数值就可简单地计算出因变量的大小，方法简单，应用也比较多。

经济计量模型。该模型不是一个简单的回归方程，而是两个或多个回归方程组成的回归方程组。这种方法揭示了多种因素相互之间的复杂关系，因而对实际情况的描述更加准确。

（2）用水定额的预测方法

通常情况下，要预测的用水定额有各行业的净用水定额和毛用水定额，可采用定量预测法，包括趋势外推法、多元回归法与参考对比取值法等，其中参考对比取值法可以结合节水分析成果，考虑产业结构及其布局调整的影响，并可参考有关省市相关部门和行业制定的用水定额标准，再经综合分析后确定用水定额，故该方法较为常用。

## （二）供给预测分析

供水预测是在规划分区内，对现有供水设施的工程布局、供水能力、运行状况，以及水资源开发程度与存在问题等综合调查分析的基础上，对水资源开发利用前景和潜力进行分析，以及不同水平年、不同保证率的可供水量预测。

可供水量包括地表水可供水量、浅层地下水可供水量、其他水源可供水量。

可供水量估算要充分考虑技术经济因素、水质状况、对生态环境的影响以及开发不同水源的有利和不利条件，预测不同水资源开发利用模式下可能的供水量，并进行技术经济比较，拟订供水方案。供水预测中新增水源工程包括现有工程的挖潜配套、新建水源、污水处理回用、雨水利用工程等。

## 1. 相关概念的界定

供水能力是指区域供水系统能够提供给用户的供水量大小。它主要反映了区域内所有供水工程组成的供水系统，依据系统的来水条件、工程状况、需水要求及相应的运行调度方式和规则，提供给用户不同保证率下的供水量大小。

可供水量是指在不同水平年、不同保证率情况下，通过各项工程设施，在合理开发利用的前提下，可提供的能满足一定水质要求的水量。可供水量的概念包括以下内涵：可供水量并不是实际供水量，而是通过对不同保证率情况下的水资源供需情况进行分析计算后，得出的"可能"提供的水量；可供水量既要考虑到当前情况下工程的供水能力，又要对未来经济发展水平下的供水情况进行预测；可供水量计算时，要考虑丰、平、枯不同来水情况下，工程能提供的水量；可供水量是通过工程设施为用户提供的，没有通过工程设施而为用户利用的水量不能算作可供水量；可供水量的水质必须达到一定使用标准。

可供水量与可利用量的区别：水资源可利用量与可供水量是两个不同的概念。一般情况下，由于兴建供水工程的实际供水能力同水资源丰、平、枯水量在时间分配上存在矛盾，这大大降低了水资源的利用水平，所以可供水量总是小于可利用量。现状条件下的可供水量是根据用水需要能提供的水量，它是水资源开发利用程度和能力的现实状况，并不能代表水资源的可利用量。

## 2. 影响可供水量的因素

（1）来水特点

受季风影响，我国大部分地区水资源的年际、年内变化较大，存在"南多北少"的趋势。南方地区，最大年径流量与最小年径流量的比值在 2~4 之间，汛期径流量占年总径流量的 60%~70%。北方地区，最大年径流量与最小年径流量的比值在 3~8 之间，干旱地区甚至超过 100 倍，汛期径流量占年总径流量的 80% 以上。可供水量的计算与年来水量及其年内变化有着密切的关系，年际以及年内不同时间和空间上的来水变化都会影响可供水量的计算结果。

（2）供水工程

我国水资源年际、年内变化较大，同时与用水需求的变化不匹配，因此，需要建设各类供水工程来调节天然水资源的时空分布，蓄丰补枯，以满足用户的需水要求。供水量总是与供水工程相联系，各类供水工程的改变，如工程参数的变化、不同的调度方案以及不同发展时期新增水源工程等情况，都会使计算的可供水量有所不同。

（3）用水条件及水质状况

不同规划水平年的用水结构、用水要求、用水分布与用水规模等特性，以及节约用水、合理用水、水资源利用效率的变化，都会导致计算出的可供水量不同。不同用水条件之间也相互影响制约，如河道生态用水，有时会影响到河道外直接用水户的可供水量。此外，不同规划水平年供水水源的水质状况、水源的污染程度等都会影响可供水量的大小。

### 3. 可供水量计算方法

（1）地表水可供水量计算

地表水可供水量大小取决于地表水的可引水量和工程的引提水能力。假如地表水有足够的可引用量，但引提水工程能力不足，则其可供水量也不大；相反，假如地表水可引水量小，再大能力的引提水工程也不能保证有足够的可供水量。地表水可供水量的计算公式为：

$$W_{地表可供} = \sum_{i=1}^{t} \min(Q_i, Y_i) \tag{3-1}$$

式中：$Q_i$、$Y_i$——为 $i$ 段满足水质要求的可引水量、工程的引提水能力；

$t$——计算时段数。地表水的可引水量 $Q$ 应不大于地表水的可利用量。

可供水量预测，应预计工程状况在不同规划水平年的变化情况，应充分考虑工程老化失修、泥沙淤积、地表水水位下降等原因造成的实际供水能力的减少。

（2）地下水可供水量计算

地下水规划供水量以其相应水平年可开采量为极限，在地下水超采地区要采取措施减少开采量使其与可开采量接近，在规划中不应大于基准年的开采量；在未超采地区可以根据现有工程和新建工程的供水能力确定规划供水量。地下水可供水量采用公式（3-2）计算：

$$W_{地下可供} = \sum_{i=1}^{t} \min(Q_i, W_i, X_i) \tag{3-2}$$

式中：$X_i$——第 $i$ 时段需水量；

$W_i$——第 $i$ 时段当地地下水开采量，$m^3$；

$Q_i$——第 $i$ 时段机井提水量，$m^3$；

$t$——计算时段数。

### 4. 其他水源的可供水量

在一定条件下，雨水集蓄利用、污水处理利用、海水、深层地下水、跨流域调水等都可作为供水水源，参与到水资源供需分析中。

①雨水集蓄利用主要指收集储存屋顶、场院、道路等场所的降雨或径流的微型蓄水工程，包括水窖、水池、水柜、水塘等。通过调查、分析现有集雨工程的供水量以及对当地河川径流的影响，提出各地区不同水平年集雨工程的可供水量。

②微咸水（矿化度2~3 g/L）一般可补充农业灌溉用水，某些地区矿化度超过3 g/L的咸水也可与淡水混合利用。通过对微咸水的分布及其可利用地域范围和需求的调查分析，综合评价微咸水的开发利用潜力，提出各地区不同水平年微咸水的可利用量。

③城市污水经集中处理后，在满足一定水质要求的情况下，可用于农田灌溉及生态环境用水。对缺水较严重城市，污水处理再利用对象可扩及水质要求不高的工业冷却用水，以及改善生态环境和市政用水，如城市绿化、冲洗道路、河湖补水等。

④海水利用包括海水淡化和海水直接利用两种方式。对沿海城市海水利用现状情况进行调查。海水淡化和海水直接利用要分别统计，其中海水直接利用量要求折算成淡水替代量。

⑤严格控制深层承压水的开采。深层承压水利用应详细分析其分布、补给和循环规律，做出深层承压水的可开发利用潜力综合评价。在严格控制不超过其可开采数量和范围的基础上，提出各规划水平年深层承压水的可供水量计算成果。

⑥跨流域跨省的调水工程的水资源配置，应由流域管理机构和上级主管部门负责协调。跨流域调水工程的水量分配原则上按已有的分水协议执行，也可与规划调水工程一样采用水资源系统模型方法计算出更优的分水方案，在征求有关部门和单位后采用。

## （三）水资源供需平衡分析

### 1. 概念及内容

水资源供需平衡分析是指在综合考虑社会、经济、环境和水资源的相互关系基础上，分析不同发展时期、各种规划方案的水资源供需状况。水资源供需平衡分析就是采取各种措施使水资源供水量和需水量处于平衡状态。

水资源供需平衡分析的核心思想就是开源节流。一方面增加水源，包括开辟各类新的水源，如海水利用；另一方面就是减少用水需求，通过各种手段减少对水资源的需求，如提高水资源利用效率、改革管理机制等。

水资源供需分析以流域或区域的水量平衡为基本原理，对流域或区域内的水资源的供、用、耗、排等进行长系列的调算或典型年分析，得出不同水平年各流域的相关指标。供需分析计算一般采取2~3次供需分析方法。

水资源供需分析的内容包括：

①分析水资源供需现状，查找当前存在的各类水问题；

②针对不同水平年，进行水资源供需状况分析，寻求在将来实现水资源供需平衡的目标和问题；

③最终找出实现水资源可持续利用的方法和措施。

## 2. 基本原则与要求

水资源供需分析是在现状供需分析的基础上，分析规划水平年各种合理抑制需求、有效增加供水、积极保护生态环境的可能措施（包括工程措施与非工程措施），组合成规划水平年的多种方案，结合需水预测与供水预测，进行规划水平年各种组合方案的供需水量平衡分析，并对这些方案进行评价与比选，提出推荐方案。

水资源供需分析应在多次供需反馈和协调平衡的基础上进行。一般进行两至三次平衡分析，一次平衡分析是考虑人口的自然增长、经济的发展、城市化程度和人民生活水平的提高，在现状水资源开发利用格局和发挥现有供水工程潜力情况下的水资源供需分析；若一次平衡有缺口，则在此基础上进行二次平衡分析，在进一步强化节水、治污与污水处理回用、挖潜等工程措施，以及合理提高水价、调整产业结构、合理抑制需求和改善生态环境等措施的基础上进行水资源供需分析；若二次平衡仍有较大缺口，应进一步加大调整经济布局和产业结构及节水的力度，具有跨流域调水可能的，应增加外流域调水，进行三次供需平衡分析。

选择经济、社会、环境、技术方面的指标，对不同组合方案进行分析、比较和综合评价。评价各种方案对合理抑制需求、有效增加供水和保护生态环境的作用与效果，以及相应的投入和代价。

水资源供需分析要满足不同用户对水量和水质的要求。根据不同水源的水质状况，安排不同水质要求用户的供水。水质不能满足要求者，其水量不能列入供水方案中参加供需平衡分析。

## 3. 平衡计算方法

进行水资源供需平衡计算时采用以下公式：

$$可供水量 - 需水量 - 损失的水量 = 余水（缺水量） \tag{3-3}$$

在进行水资源供需平衡计算时，首先要进行水资源平衡计算区域的划分，一般采用分流域分地区进行划分计算。在流域或省级行政区内以计算分区进行，在分区时城镇与乡村要单独划分，并对建制市城市进行单独计算。其次，要进行平衡计算时段的划分，计算时段可以采用月或旬。一般采用长系列月调节计算方法，能正确反映计算区域水资源供需的特点和规律。主要水利工程、控制节点、计算分区的月流量系列应根据水资源调查评价和供水量预测分析的结果进行分析计算。

在供需平衡计算出现余水时，即可供水量大于需水量时，如果蓄水工程尚未蓄满，余水可以在蓄水工程中滞留，把余水作为调蓄水量参加下一时段的供需平衡；如果蓄水工程已经蓄满，则余水可以作为下游计算分区的入境水量，参加下游分区的供需平衡计算；

可以通过减少供水（增加需水）来实现平衡。

在供需平衡计算出现缺水时，即可供水量小于需水量时，要根据需水方反馈信息要求的供水增加量与需水调整的可能性与合理性，进行综合分析及合理调整。在条件允许的前提下，可以通过减少用水方的用水量（主要通过提高用水效率来实现）；或者通过从外流域调水实现供需水的平衡。

总的原则是不留供需缺口，在出现不平衡的情况下，可以按以上意见进行二次、三次水资源供需平衡以达到平衡的目的。

### 4. 解决供需平衡矛盾的主要措施

水资源供需平衡矛盾的解决，应从供给与需求两个方面入手，即供需平衡分析的核心思想"开源节流"，增加供给量，减少需求量。

（1）建设节约型社会，促进水资源的可持续利用

节约型社会是一种全新的社会发展模式。建设节约型社会不仅是由我国的基本国情决定的，更是实现可持续发展战略的要求。节约型社会是解决我国地区性缺水问题的战略性对策，须在水资源可持续利用的前提下，因地制宜地建立起全国各地节水型的城市与工农业系统，尤其是用水大户的工农业生产系统，改进农业灌溉技术，推广农业节水技术，提高农业水资源利用效率，也是搞好农业节水的关键；在工业生产中，加快对现有经济和产业的结构调整，加快对现有生产工艺的改进，提高水资源的循环利用效率，完善企业节水管理，促进企业向高效利用节水型转变。此外，增加国民经济中水源工程建设与供水设施的投资比例，进一步控制洪水，预防干旱，提高水资源的利用效率，控制和治理水污染，发挥工程管理内涵的作用。

建设节约型社会是调整治水，实现人与自然和谐可持续发展的重要措施。一要突出抓好节水法规的制定；二要启动节水型社会建设的试点工作，试点先行，逐步推进；三要以水权市场理论为指导，充分发挥市场配置水资源的基础作用，积极探索运用市场机制，建立用水户主动自愿节水意识及行为的建设。

（2）加强水资源的权属管理

水资源的权属包括水资源的所有权和使用权两方面。水资源的权属管理相应地包括：水资源的所有权管理和水资源的使用权管理。水资源在国民经济和社会生活中具有重要的地位，具有公共资源的特性，应强化政府对水资源的调控和管理。长期以来，由于各种原因，低价使用水资源造成了水资源的大量浪费，使水资源利用处于一种无序状态。随着水资源需求量的迅猛增长，水资源供需矛盾尖锐，加强对水资源权属进行管理迫在眉睫，如现行的取水许可制度。

（3）采取经济手段调控水资源供需矛盾

水价是调节用水量的一个强有力的经济杠杆，是最有效的节水措施之一。水价格的变化关系到每一个家庭、每个用水企业、每个单位的经费支出，是它们经济核算的指标。如果水价按市场经济的价格规律运作，按供水成本、市场的供需矛盾决定水价，水价必定会提高。水价的提高，用水大户势必因用水成本增加，趋于对自身利益最优化的要求而进行节约用水，达到节水的目的。科学的水资源价值体系及合理的水价，能够使各方面的利益得到协调，促进水资源配置处于最优化状态。

（4）加强南水北调与发展多途径开源

中国水资源时空分布极其不均，南方水多地少，北方水少地多。通过对水资源的调配，缩小地区上水分布差异，是具有长远性的战略，是缓解我国水资源时空分布不均衡的根本措施。开源的内容包括增加调蓄和提高水资源利用率，挖掘现有水利工程供水能力，调配以及扩大新的水源等方面。控制洪水，增加水源调蓄水利工程兴建的主要任务是发电和防洪。因此，对已建的大中型水库增加其汛期与丰水年来水的调蓄量，进行科学合理的水库调度十分重要。同时，增加河道基流及地下水的合理利用：发展集雨、海水及微咸水利用等。

# 第二节　水资源优化配置

## 一、实现水资源优化配置的必要性

实现水资源优化配置是弥补我国水资源先天不足、缺水严重的必然选择，包括合理安排区域水资源的开发利用节约保护和适时适度地实施外流域补水。实现水资源优化配置是改善我国水生态环境严重恶化状况的现实要求，包括研究制定生活生产与环境之间水关系的法规制约以及通过行政手段和技术手段促进污水资源化的措施。实现水资源优化配置是我国经济社会可持续发展的基础条件，外流域补水是必要条件，合理开发利用和节约保护本区水资源是前提条件，两者相辅相成，才能相得益彰。

## 二、水资源优化配置的目标及原则

### （一）水资源优化配置的目标

水资源优化配置要实现的效益最大化，是从社会、经济、生态三个方面来衡量的，是综合效益的最大化。从社会方面来说，要实现社会和谐，保障人民安居乐业，促使社会不断进步；从经济方面来说，要实现区域经济可持续发展，不断提高人民群众的生活水平；从生态方面来说，要实现生态系统的良性循环，保障良好的人居生存环境：总体上达到既能促进社会经济不断发展，又能维护良好生态环境的目标。水资源优化配置的最终目标就是实现水资源的可持续利用，保证社会经济、资源、生态环境的协调发展。

水资源优化配置的目标是协调水资源供需矛盾、保护生态环境、促进区域社会经济可持续发展，故水资源优化配置要从以下三个方面来实现。

### 1. 有效增加供水

通过工程措施，改变水资源的天然时空分布来适应生产力的布局。通过管理措施，提高水的分配效率特别是循环利用率和重复利用率，协调各项竞争性用水。通过其他措施，加强水利工程调度管理，提高水资源尤其是洪水资源的利用率。

### 2. 合理抑制需求

提高水的利用效率，通过调整产业结构，采取节水型生产工艺、节水型仪器设备，建设节水型经济和节水型社会等途径，抑制经济社会发展对水资源需求的增长，实现水资源需求的零增长或负增长。同时，用水效率反映了技术进步的程度、节水水平和节水潜力，它受到用水技术和管理水平的制约。

### 3. 积极保护生态环境

为保持水资源和生态环境的可再生维持功能，在经济社会发展和生态环境保护之间应确定一个协调平衡点。这个平衡点要满足两个条件：一是经济社会发展需求对水资源产生的生态影响，以及由此导致的整体生态状况应当不低于现状水平（现状生态环境状况较差要修复的除外）；二是生态与环境用水量必须满足天然生态和环境保护的基本要求，以维护生态系统结构的稳定。

## （二）水资源优化配置的原则

水资源配置是一个复杂的系统工程，涉及不同层次、不同用户、不同决策者、不同目标的不确定性问题，水资源配置的基本原则应基于这一特征。根据水资源配置的目标，水资源配置应当遵循资源高效性、可持续性和公平性的原则。

### 1. 高效性原则

水是珍贵的有限资源，资源高效性原则是指水资源的高效利用，取得环境、经济和社会协调发展的最佳综合效益。水资源的高效利用不单纯是指经济上的高效性，它同时包括社会效益和环境效益，是针对能够使经济、社会与环境协调发展的综合利用效益而言的。

## 2. 公平性原则

在我国，水资源所有权属于国家所有，即人人都是水资源的主人，在水资源使用权的分配上人人都有使用水的权利。水资源配置的公平性原则，还体现在社会各阶层间和区域间对水资源的合理分配利用上，并且水资源配置的目标也体现了公平性的原则。它要求不同区域（上下游、左右岸）之间协调发展，以及发展效益或资源利用效益在同一区域内社会各阶层中公平分配。例如，家庭生活用水的公平分配是对所有家庭而言的，无论其是否有购水能力，都有使用水的基本权利，也可以依据收入水平采用不同的水价结构进行分水。

## 3. 可持续性原则

水资源可持续发展是指水资源得以永续地利用下去，可持续性原则也可以理解为代际水资源分配的公平性原则。对它的开发利用要有一定限度，必须保持在它的承受能力之内，以维持自然生态系统的更新能力和可持续地利用。它是以研究一定时期内全社会消耗的资源总量与后代能获得的资源量相比的合理性，反映水资源在度过其开发利用阶段、保护管理阶段和管理阶段后，步入的可持续利用阶段中最基本的原则。水资源优化配置作为水资源可持续理论在水资源领域的具体体现，应该重视人口、资源、生态环境以及社会经济的协调发展，以实现资源的充分、合理利用，保证生态环境的良性循环，促进社会的持续健康发展。

# 三、实现水资源优化配置的对策

## （一）在水资源优化配置中应避免出现工程思维的泛滥

水资源的跨地区调配，除了经济性以外，还有隐形的自然生态和人文方面的因素需要考虑。通过大的水利工程在较大区域内进行水资源的治理和配置，是必须小心使用和对待的，对一个城市而言，首先应该考虑的是如何通过节水、治污、循环利用等措施破解当地的水资源困境，而不是习惯于用大规模的跨地区调水这样的方式来化解危机，这只能使危机暂时缓解，甚至会迎来更大的危机。应该反思在破解水资源困境中的工程思维，现在我们看到太多的大型水利工程，背后都体现了通过工程思维方式治水的弊病。在解决水资源问题中，市场机制和商业逻辑的使用不是没有前提条件的，应在不破坏自然流域的前提下进行，也只有这样，市场调节机制才具有真正的科学性。

## （二）落实水资源优化配置管理制度

加快节水防污型社会建设，加快水系连通工程建设，加强水资源保护和水生态修复等。明确水资源开发利用控制，用水效率控制，水功能区限制目标，为实现水资源优化配置打下坚实的基础。要强化水资源统一调度，加强水资源开发利用管理，加快节水防污型社会建设。严格规划管理，建设项目水资源论证和取水许可审批，实行地下水取用水总量和水位双控制度，尽快核定并公布地下水禁采和限采范围。加快推进节水技术改造，把非常规水源开发利用纳入水资源统一配置。要加快江河湖库水系连通工程建设，加强水资源保护和水生态修复。加快重点水源工程建设，因地制宜建设城市应急备用水源。深入开展重要饮用水水源地安全保障达标建设，切实加强重要生态保护区、水源涵养区、江河源头区和湿地的保护。此外，要大力推进水资源管理法制化进程，强化水资源监控能力和科技支撑，不断创新水资源管理体制和机制，会同有关部门尽快制定出台最严格水资源管理制度考核办法。

## （三）要加强水资源保护

随着气候的变化，水资源短缺问题比较突出，同时水资源浪费非常严重，综合利用率较低，而且随着经济社会的快速发展，水质污染问题日益凸显，水资源利用和保护任务就显得非常艰巨。如果这类问题解决不好，将会对保障和改善民生造成极大威胁。因此，必须立足当地实际，采取措施强化对水资源的保护，避免污染现象的发生。

## （四）将科技应用于水资源优化配置过程中

回顾从传统水资源配置向现代水资源优化配置发展的过程中，科学技术在水资源开发、利用、节约、保护、配置中发挥着重要作用。科学技术已经成为新时期解决水资源难题的关键。将科学技术应用于水资源优化配置中，可以使生活用水更干净。通过应用生态清洁小流域水源保护技术、供水厂膜过滤和活性炭过滤技术、水质检测技术，确保水质达标；应用膜生物反应技术，超滤、微滤等技术进一步提升污水处理厂的出水品质，让污水变为高品质用水，确保水环境清洁美丽。还可以使生产用水更高效，如农业加大喷灌、管灌、微灌及管理绿水等综合节水技术应用，工业加大循环利用的技术改造，在用水总量不增加的情况下，通过科技提高工业用水效率。也可以使管水更便捷：从降水到用水再到排水，是一个复杂漫长的过程，只有科技可以使其变得便捷，通过应用自动化监测、信息网络等技术，对降水过程跟踪监测，随时准确掌握雨情、水情；通过应用自动化监测、自动化控制、数据采集与监视控制系统等技术，对水库调水、渠道输水、管网供水进行全过程监测控制，极大提高水资源管理水平和效率。

总之，应落实水资源优化配置管理制度，避免不良现象的出现，同时要加强水资源保护，并充分发挥科学技术的重要作用，为确保水资源优化配置目标的实现提供保障。

# 第四章 水资源开发利用工程

## 第一节 地表水资源开发利用工程

### 一、引水工程

引水工程是借重力作用把水资源从源地输送到用户的措施。近年来，人类社会为了满足经济发展和社会进步的需求，许多国家积极发展水利事业，通过引水工程解决水资源匮乏以及水资源分配不均的问题。引水工程是为了满足缺水地区的用水需求，对水资源进行重新分配，从水量丰富的区域转移到水资源匮乏区域，能够有效地解决水资源地区分布不均和供需矛盾等问题，对水资源匮乏地区的发展和水资源综合开发利用具有重要的意义。引水工程不仅能够缓解水资源匮乏地区的用水矛盾，而且改善了人们的生产以及生活条件，同时促进了当地经济社会的快速发展。然而，在引水工程带来可观的经济效益和社会效益的同时，其建设期和项目实施后也引起了不同程度的生态环境负面影响。

任何事物都是有利有弊的。在对水资源进行人工干预后，不仅会使河流水量发生变化，也会对河流的水位、泥沙等水文情势产生巨大的影响。如果工程范围内存在污染源，或者输水沿线外界污染源进入输水管道，就有可能对受水区的水质造成污染。在取水口下游，减水河段可能呈现断流状态，水生生物的栖息地受到破坏，局部生态系统会由水生转变为陆生，极大地削弱了河流自净能力，从而加重河流污染等。

长距离引水是一项引水距离相对较远、供水流量相对较大、供水历时相对较长的引水工程。长距离引水工程中主要会遇到的问题有：水源的取水口的选择，引水管线路径的选择，引水管材的选择，整体工程经济效益的考察，沿途生态环境的影响，引水水质、水量的变化等。

### (一) 水源污染

长距离引水工程中，水源水质是引水工程的基础。我国幅员辽阔，各地根据自身情况决定用水水源。水源按其存在形式一般可分为地表水源和地下水源两大类，而饮用水水源主要采用地表水源。

江河水是地表水的主要水源。由于江河水主要来源于雨雪，受地理位置、季节的影响很大。水质方面与地下水有截然不同的特点，水中杂质含量较高，浊度高于地下水。河水的卫生条件受环境的影响很大。一般来讲，河流上游水质较好，下游水质较差，流量大时，污染物得到稀释，水质稍好，流量越小，水质越差。水的温度季节性变化很大。用地表水做水源，一般都须经过混凝、沉淀、过滤等处理，污染严重的还要进行深度处理。但地表水的矿化度、硬度以及铁、锰的含量一般较低。

湖泊和水库水体大，水量充足，流动性小，停留时间长，水中营养成分高，浮游生物和藻类多，不利于水质处理，蒸发量大，使水体浓缩，因而含盐量高于江河水。但其沉淀作用明显，浊度较江河水低，水质、水量稳定。

## （二）季节性水质威胁

自 20 世纪 70 年代以来，包括中国在内的许多国家都发生过湖泊水质在短短几天内严重恶化，水体发黑发臭，大量鱼类死亡的现象。中国北京、贵州、广东和湖北等地都先后有这种现象发生。这种现象的实质是沉积物生物氧化作用对水质变化的影响，这种突发性水质恶化现象称为湖泊黑潮。科学家研究表明，湖泊黑潮现象往往发生在秋季。入秋后，沉降于湖底的有机质在微生物作用下发生分解，湖底处于缺氧状态，出现 pH 值降低、亚硝酸根浓度增高的状态。这种恶性循环进一步导致水体缺氧加剧，硫化物的扩散使水体变黑发臭。当气温骤然下降时，湖泊上层水温低于湖底水温，导致沉积物微粒再悬浮作用，加剧水质恶化。随着水体耗氧与复氧过程的平衡和水流输送，水质可望在一段时期（如 2~3 个月）内得到好转。在湖泊水质变化的自然过程中，人类对水体的干扰，如工业污染物和生活污染物的排放促成了湖泊黑潮的产生。

## （三）现有水源水量保障能力不足

水资源是城市基础性自然资源，也是支撑城市发展的战略性资源。对于城市来讲，附近流域内水源和地下水是保障城市供水的主要水资源，是保障城市建设和发展战略的重要组成部分。我国南方降雨频繁，河水水量充沛，北方雨水少，河水流量冬夏相差很大，旱季许多河流断流，严寒地带，冬季河流封冻，引水和取水困难。部分城市由于连续干旱少雨，使流域内水源出现断流和地下水长期处于超采状态，应急水源地超限运行，供水能力持续下降，地下水资源的战略储备明显不足，无论是在水资源安全保障性，还是水资源开发保护程度方面，与水量充沛的城市相比，还存在较大差距；同时流域河流断流和地下水位持续下降还带来一系列生态环境问题。因此，根据城市水资源的现实状况，应给予高度重视，有针对性地开展长距离引水的水资源储备研究工作，提高水资源的支撑能力和改善生态环境。

# 二、蓄水工程

## （一）蓄水工程

### 1. 拦河引水工程

按一定的设计标准，选择有利的河势，利用有效的汇水条件，在河道软基上修建低水头拦河溢流坝，通过拦河坝将天然降水产生的径流汇集并抬高水位，为农业灌溉和居民生活用水提供保障的集水工程。

### 2. 塘坝工程

按一定的设计标准，利用有利的地形条件、汇水区域，通过挡水坝将自然降水产生的径流存起来的集水工程。拦水坝可采用均质坝，并进行必要的防渗处理和迎水坡的防浪处理，为受水地区和村屯供水。

### 3. 方塘工程

按一定的设计标准，在地表下与地下水转换关系密切地区截集天然降水的集水工程。为增强方塘的集水能力，必要时要附设天然或人工的集雨场，加大方塘集水的富集程度。

### 4. 大口井工程

建设在地下水与天然降水转换关系密切地区的取水工程，也是集水工程的一个组成部分。

## （二）蓄水灌溉工程

调蓄河水及地面径流以灌溉农田的水利工程设施，包括水库和塘堰。当河川径流与灌溉用水在时间和水量分配上不相适应时，要选择适宜的地点修筑水库、塘堰和水坝等蓄水工程。

蓄水工程分水库和塘堰两种。中国规定蓄水库容积标准：库容大于1亿立方米的为大型水库；0.1亿~1亿立方米的为中型水库；小于0.1亿立方米的为小型水库。大型水库又分为两类：库容大于10亿立方米的为大Ⅰ型水库，库容在1亿~10亿立方米为大Ⅱ型水库。小型水库也分成两类：库容在 100~1000 万立方米的为小 I 型水库；10~100 万立方米的为小 II 型水库；小于 10 万立方米的为塘堰。

### 1. 水库

有单用途的，如灌溉水库、防洪水库；有多用途的，即兼有灌溉、发电、防洪、航运、渔业、城市及工业供水、环境保护等（或其中几种）综合利用的水库。

水利枢纽工程一般由水坝、泄水建筑物和取水建筑物等组成。水坝是挡水建筑物，用于拦截河流、调蓄洪水、抬高水位以形成蓄水库。泄水建筑物是把多余水量下泄，以保证水坝安全的建筑物，有河岸溢洪道、泄水孔、溢流坝等形式。取水建筑物是从水库取水，供灌区灌溉、发电及其他用水需要，有时还用来放空水库和施工导流。放水管一般设在水坝底部，装有闸门以控制放水流量。

库址选择要考虑地形条件、水文地质条件和经济效益等。坝址谷口尽量狭窄、库区平坦开阔、集水面积大，则可以较小的工程量获得较大的库容。此外，还要综合考虑枢纽布置及施工条件，如土石坝的坝址附近要有高程适当的鞍形垭口，以便布设河岸溢洪道。坝基和大坝两端山坡的地质条件要好，岩基要有足够的强度、抗水性（不溶解、不软化）和整体性，不能有大的裂隙、溶洞、风化破碎带、断层及沿层面滑动等不良地质条件。非岩基也要求有足够的承载能力、土层均匀、压缩性小，没有软弱的或易被水流冲刷的夹层存在。坝址附近要有足够可供开采的土、砂、石料等建筑材料和较开阔的堆放场地等。水库的集水面积和灌溉面积的比例应适当，并接近灌区，以节省渠系工程量和减少渠道输水损失。此外，还尽应可能考虑水库的多种功能，取得较高的综合效益。

从山谷水库引水灌溉的方式有三种：

①坝上游引水。通过输水洞将库水直接引入灌溉干渠，或在水库适宜地点修建引水渠首枢纽。

②坝下游引水。将库水先放入河道，再在靠近灌区的适当位置修筑渠首工程，将水引入灌区。适用于灌区距水库较远的地方。

③坝上游提水灌溉。在蓄水后再由提水设备将水输入灌溉干渠。

平原水库，即在平原洼地筑堤建闸，拦蓄河道及地表径流，以蓄水灌溉或蓄滞洪水。有的可用于生活供水和养殖。

### 2. 塘堰

主要拦蓄当地地表径流。对地形和地质条件的要求较低，修建和管理均较方便，可直接放水入地。塘堰广泛分布在南方丘陵山区。如湖北省梅川水库灌区，有塘堰 6000 多处，总蓄水量达 1300 万立方米，基本上可满足灌区早稻用水。

# 三、输水工程

## （一）输水管道

从水库、调压室、前池向水轮机或由水泵向高处送水的管道，以及埋设在土石坝坝体底部、地面下或露天设置的过水管道。可用于灌溉、水力发电、城镇供水、排水、排放泥沙、放空水库、施工导流配合溢洪道宣泄洪水等。其中，向水轮机或向高处送水的管道，因其承受较大的内水压力，故称压力水管；埋设在土石坝底部的管道，称为坝下埋管；埋在地下的管道，称为暗管或暗渠。

坝下埋管由进口段（进水口）、管身和出口段三部分组成。管内水流可以是具有自由水面的无压流，也可是充满水管的有压流。进口段可采用塔式或斜坡式，内设闸门等控制设备。无压埋管常用圆拱直墙式，由混凝土或浆砌石建造；有压埋管多为圆形钢筋混凝土管。进口高程根据运用要求确定。除用于引水发电的埋管，管后接压力水管外，其他用途的坝下埋管出口均须设置消能防冲设施。埋管的断面尺寸取决于运用要求和水流形态：对有压管，可根据设计流量和上下游水位，按管流计算，并保证洞顶有一定的压力余幅；对无压管，可根据进口压力段前后的水位，按孔口出流计算过流能力，洞内水面线由明渠恒定非均匀流公式计算。管壁厚度按埋置方式（沟埋式、上埋式或廊道式），经计算并参考类似工程确定。

长距离输水工程，管材的选择至关重要，它既是保证供水系统安全的关键，又是决定工程造价和运行经费所在。目前国内用于输水的管道，主要有钢管、球墨铸铁管、预应力钢筒混凝土管（PCCP）和夹砂玻璃钢管。具体介绍如下：

### 1. 预应力钢筒混凝土管（PCCP 管）

PCCP 管兼有钢管和钢筋混凝土管的优点，造价比钢管低，可以承受较高的工作压力和外部荷载，接口采用钢板冷加工成型，加工精度高。采用双橡胶圈，密封性能好，接口较为简单，在每根管插口的密封圈之间留有试压接口，调试方便，使用寿命长。

缺点：

①重量大、质地脆、切凿困难、施工难度相对较大。

②最大偏转角为 1.5 度，因此 PCCP 管对地形适应能力差。

③PCCP 管壁厚远大于钢管，其采用柔性接口连接，对基础及回填土要求较高。

④PCCP 管由于单节重量大，安装时对吊装设备要求高，工作面宽度要求比钢管宽，且受周边环境影响较大，不如钢管安装灵活。

⑤承插口钢圈比较容易产生腐蚀，因此，使用前必须做好防腐处理。

## 2. 球墨铸铁管

球墨铸铁管是 20 世纪 50 年代发展起来的新型管材，它具有较高的强度和延伸率，其机械性能可以和钢管媲美，抗腐性能又大大超过钢管，采用"T"型滑入式连接，也可做法兰连接，施工安装方便。

缺点：

①球磨铸铁管比钢管壁厚 1.5~2 倍，单位长度造价比较高，连接方式比较复杂，笨重。

②对地形的适应能力相对钢管差一些，要做牢砂垫层的铺设等基础工作。

③球磨铸铁管在 DN500~1200 区间，价格比 TPEP 防腐钢管价格高。

## 3. 夹砂玻璃钢管

优点是材料强度高，密封性好，重量轻，管道内壁光滑，相应水头损失小，具有良好的防腐性，管道维修方便快捷。特别是由于管道轻，安装时不需要大型起吊设备，在现场建厂时间短且费用低。

缺点是管道为柔性管道，抗外压能力相对较差，对沟槽回填要求高，回填料应是粗粒土，回填料的压实度应达到 95%。该管材多用于压力较低的给排水领域。由于耐压低，用量及用途有限。另外，压力大于 1.0 MPa 的管道价格相对较高。

## 4. TPEP 防腐钢管

优点：

①结合钢管的机械强度和塑料的耐蚀性于一体，外壁 3PE 涂层厚度 2.5~4 mm，耐腐蚀耐磕碰。

②内壁摩阻系数小，0.008 1~0.091，输送同等流量可以降低一个口径级别。

③内壁达到国家卫生标准，光滑不易结垢，具有自清洁功能。

④TPEP 防腐钢管是涂塑钢管的第四代防腐产品，防腐性能强，自动化程度高，综合成本低。

缺点：施工比较慢，焊接要求较高。

任何一种产品没有十全十美，各有利弊，因此在对输水管道进行选材时必须考虑地质条件、土壤及其周边环境、防腐要求以及投资成本和运行成本等四方面原则。

坝下埋管在中小型灌溉工程中应用较多。引水发电的坝下埋管，多用廊道式，压力管道位于廊道内，廊道只承受填土和外水压力。这种布置方式可避免内水外渗，影响坝体安全，并便于检查和维修。廊道在施工期还可用来导流。中国河北省岳城水库采用坝下埋管泄洪和灌溉, 总泄量达 4200 $m^3/s$。

埋设在地面下的输水管道可以是由混凝土、钢筋混凝土（包括预应力钢筋混凝土）、钢材、石棉、水泥、塑料等材料做成的圆管, 也可以是由浆砌石、混凝土或钢筋混凝土做成的断面为矩形、圆拱直墙形或箱形的管道。圆管多用于有压管道; 矩形和圆拱直墙形用于无压管道; 箱形可用于无压或低压管道。

埋没在地下用于灌溉或供水的暗渠与开敞式的明渠相比, 具有占地少, 渗漏、蒸发损失小, 减少污染, 管理养护工作量小等优点, 但所用建筑材料多, 施工技术复杂, 造价高, 适用于人多地少、水源不足、渠线通过城市或地面不宜为明渠占用的地区。为便于管理, 对较长的暗渠可以分段控制, 沿线设通气孔和检查孔。在南水北调中大口径 2 m 以上才用 PCCP 管, 发挥了 PCCP 的大口径管造价及性能高的优势, 低于 1.2 m 的采用的是 TPEP 防腐钢管 (外 3PE 内熔结环氧防腐钢管), 主要是针对地形复杂、压力较高的路段, 发挥了钢管的机械强度和防腐材料的耐蚀性, 在 500~1200 mm 区间的口径, 性价比高。

## （二）输水建筑物

输水建筑物是指连接上下游引输水设置的水工建筑物的总称。当引输水至下游河渠, 引水建筑物即输水建筑物。当引输水至水电厂发电, 则输水建筑物包括引水建筑物和尾水建筑物。

输水建筑物是把水从取水处送到用水处的建筑物, 它和取水建筑物是不可分割的。

输水建筑物可以按结构形式分为开敞式和封闭式两类, 也可按水流形态分为无压输水和有压输水两种。最常用的开敞式输水建筑物是渠道, 自然它只能是无压明流。封闭式输水建筑物有隧洞及各种管道（埋于坝内的或者露天的）, 既可以是有压的, 也可以是无压的。

输水建筑物除应满足安全、可靠、经济等一般要求外, 还应保证足够大的输水能力和尽可能小的水头损失。

输水建筑物在运用前、运用中和运用后均可能因设计、施工和管理中的失误, 或因混凝土结构缺陷、基础地质缺陷以及随时间的推移, 导致其引水隧洞、输水涵管和渠道等产生不同程度的劣化, 故及时检查、养护和修理以防患于未然就成为水工程病害处理的重要内容。

输水建筑物分明流输水建筑物和压力输水建筑物两大类。

### 1. 明流输水建筑物

明流输水建筑物有多种用途, 包括供水、灌溉、发电、通航、排水、过鱼、综合等,按其水流流态有稳定与不稳定之分；按其结构形式有渠道、隧洞、高架水槽、坡道水槽、坡道上无压水管、渡槽、倒虹吸管等多种形式。

渠道是明流输水建筑物中最常用的一种，渠侧边坡是否稳定是关注的重点之一。控制渠道漏水也是渠道修建中的重要问题。水槽用于山区陡坡、地质条件不良的情况，或因修建渠道造价很高而用之。放在地面上的称座槽，架在栈桥上的为高架水槽。

隧洞是另一种应用广泛的明流输出建筑物。隧洞的断面形式与所经地区的工程地质条件密切相关。坚固稳定岩体中的明流输水隧洞可不用衬砌，必要时采用锚杆加固或喷混凝土护面。有的为减少糙率和防渗对洞壁做衬砌；有的为支承拱顶山岩压力，只对拱顶衬砌；有的则全部衬砌。

明流水管也可作为明流输水道的组成部分，一般用钢筋混凝土制成。

渡槽是一种用于跨越河流或深山谷所用的输水建筑物。一般布置在地质条件良好、地形条件有利的地段。大型渡槽的支承桥常采用拱桥。

倒虹吸管是另一种跨越式输水建筑物，也布置在地质条件良好、河谷岸坡稳定、地形有利的地段。

明流输水道上还设置有调节流量的一些建筑物，如节水闸和分水闸、溢水堰和泄水闸、排水闸等。

## 2. 压力输水建筑物

压力输水建筑物用于水力发电、供水、灌溉工程。其运行特点是满流、承压，其水力坡线高于无压输水建筑物。

压力输水建筑物有管道和隧洞两种形式。管道按其材料有钢管、钢筋混凝土管、木管等。安放在地面上的管道叫明管，埋入地下的称埋管。压力隧洞一般为深埋，上有足够的覆盖岩层厚度，并选在地质条件应比较好、山岩压力较小的地区。

压力输水建筑物承受的基本荷载有建筑物自重、水重、管内式洞内的静水压力、动水压力、水击压力、调压室内水位波动产生的水压力、转弯处的动水压力、隧洞衬砌上的山岩压力及温度荷载。特殊荷载有水库或前池最高蓄水位时的静水压力、地震荷载等。

压力隧洞从结构形式上分为无衬砌（包括采用喷锚加固的）、混凝土衬砌、钢筋混凝土衬砌、钢板衬砌等几种；从承受的内水压力水头来分，可分为低压隧洞和高压隧洞。

坝内埋钢管在坝后式电站中经常采用。一般有三种布置方式：管轴线与坝下游面近于平行、平式或平斜式、坝后背管。钢管一般外围混凝土。

# 四、扬水工程

## （一）水泵

水泵是输送液体或使液体增压的机械。它将原动机的机械能或其他外部能量传送给液体，使液体能量增加，主要用来输送液体包括水、油、酸碱液、乳化液、悬乳液和液态金属等。

也可输送液体、气体混合物以及含悬浮固体物的液体。水泵性能的技术参数有流量、吸程、扬程、轴功率、水功率、效率等；根据不同的工作原理可分为容积水泵、叶片泵等类型。容积泵是利用其工作室容积的变化来传递能量；叶片泵是利用回转叶片与水的相互作用来传递能量，有离心泵、轴流泵和混流泵等类型。

### 1. 离心泵

水泵开动前，先将泵和进水管灌满水，水泵运转后，在叶轮高速旋转而产生的离心力的作用下，叶轮流道里的水被甩向四周，压入蜗壳，叶轮入口形成真空，水池的水在外界大气压力下沿吸水管被吸入补充了这个空间。继而吸入的水又被叶轮甩出经蜗壳而进入出水管。由此可见，若离心泵叶轮不断旋转，则可连续吸水、压水，水便可源源不断地从低处扬到高处或远方。综上所述，离心泵是由于在叶轮的高速旋转所产生的离心力的作用下，将水提向高处的，故称离心泵。

离心泵的一般特点为：

①水沿离心泵的流经方向是沿叶轮的轴向吸入，垂直于轴向流出，即进出水流方向互成 90°。

②由于离心泵靠叶轮进口形成真空吸水，因此在启动前必须向泵内和吸水管内灌注引水，或用真空泵抽气，以排出空气形成真空，而且泵壳和吸水管路必须严格密封，不得漏气，否则形不成真空，也就吸不上水来。

③由于叶轮进口不可能形成绝对真空，因此离心泵吸水高度不能超过 10 米，加上水流经吸水管路带来的沿程损失，实际允许安装高度（水泵轴线距吸入水面的高度）远小于 10 米。如安装过高，则不吸水；此外，由于山区比平原大气压力低，因此同一台水泵在山区，特别是在高山区安装时，其安装高度应降低，否则也不能吸上水来。

### 2. 轴流泵

轴流泵与离心泵的工作原理不同，它主要是利用叶轮的高速旋转所产生的推力提水。轴流泵叶片旋转时对水所产生的升力，可把水从下方推到上方。

轴流泵的叶片一般浸没在被吸水源的水池中。由于叶轮高速旋转，在叶片产生的升力作用下，连续不断地将水向上推压，使水沿出水管流出。叶轮不断地旋转，水也就被连续压送到高处。

轴流泵的一般特点：

①水在轴流泵的流经方向是沿叶轮的轴向吸入、轴向流出，因此称轴流泵。

②扬程低（1~13 米）、流量大、效益高，适于平原、湖区、河区排灌。

③启动前不需灌水，操作简单。

### 3. 混流泵

由于混流泵的叶轮形状介于离心泵叶轮和轴流泵叶轮之间，因此，混流泵的工作原理既有离心力又有升力，靠两者的综合作用，水则以与轴组成一定角度流出叶轮，通过蜗壳室和管路把水提向高处。

混流泵的一般特点为：

①混流泵与离心泵相比，扬程较低，流量较大，与轴流泵相比，扬程较高，流量较低。适用于平原、湖区排灌。

②水沿混流泵的流经方向与叶轮轴成一定角度而吸入和流出的，故又称斜流泵。

## （二）泵站

泵站是能提供有一定压力和流量的液压动力和气压动力的装置。泵站主要任务是承担泵站所在地区的防洪防涝、调水灌溉以及生活供水等任务。

### 1. 污水泵站

污水泵站是污水系统的重要组成部分，特点是水流连续，水流较小，但变化幅度大，水中污染物含量多。因此，设计时集水池要有足够的调蓄容积，并应考虑备用泵，此外设计时尽量减少对环境的污染，站内要提供较好的管理、检修条件。污水泵站分为两种：

一是设置于污水管道系统中，用以抽升城市污水的泵站，作用就是提升污水的高程。因为污水管不像给水管（自来水），是没有压力的，靠污水自身的重力自流的，由于城市截污网管收集的污水面积较广，离污水处理厂距离较远，不可能将管道埋地很深，所以须要设置泵站，提升污水的高程。

二是设置于污水处理厂内用来提升污水的泵站，作用是为后续的工艺提供水流动力。一般来说，污水提升的高度是从污水处理后排放的尾水的高程，减去水头损失，倒推计算出来的。

## 2. 雨水泵站

雨水泵站是指设置于雨水管道系统中或城市低洼地带，用以排出城区雨水的泵站。雨水泵站不仅可以防积水，还可供水。

# 第二节　地下水资源开发利用工程

## 一、管井

井径较小，井深较大，汲取深层或浅层地下水的取水建筑物。打入承压含水层的管井，如水头高出地面时，又称自流井。

管井是垂直安置在地下的取水或保护地下水的管状构筑物，是工农业生产、城市、交通、国防建设的一种给排水设施。

### （一）管井种类

按用途分为供水井、排水井、回灌井。按地下水的类型分为压力水井（承压水井）和无压力水井（潜水井）。地下水能自动喷出地表的压力水井称为自流井。按井是否穿透含水层分为完整井和非完整井。

### （二）管井结构

管井由井口、井壁管、滤水管和沉沙管等部分组成（如图4-1所示）。管井的井口外围，用不透水材料封闭，自流井井口周围铺压碎石并浇灌混凝土。井壁可用钢管、铸铁管、钢筋混凝土管或塑料管等。钢管适用的井深范围较大；铸铁管一般适于井深不超过250米；钢筋混凝土管一般用于井深200~300米；塑料管可用于井深200米以上。井壁管与过滤器连成管柱，垂直安装在井孔当中。井壁管安装在非含水层处，过滤器安装在含水层的采水段。在管柱与孔壁间环状间隙中的含水层段填入经过筛选的砾石，在砾石上部非含水层段或计划封闭的含水层段，填入黏土、黏土球或水泥等止水物。

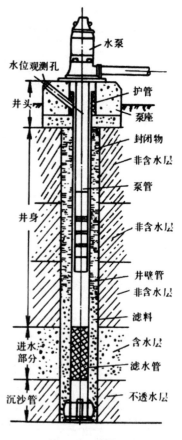

图4-1　管井

## （三）管井设计

包括井深、开孔和终孔直径，井管及过滤器的种类、规格、安装的位置及止水、封井等。井深决定于开采含水层的埋藏深度和所用抽水设备的要求。开孔和终孔直径，根据安装抽水设备部位的井管直径、设计安装过滤器的直径及人工填料的厚度而定。井管和过滤器的种类、规格、安装的位置，沉淀管的长度和井底类型，主要根据当地水文地质条件，并按照设计的出水量、水质等要求决定。井管直径须根据选用的抽水设备类型、规格而定。常用的井管有无缝钢管，钢板卷焊管，铸铁管，石棉水泥管，聚氯乙烯、聚丙烯塑料管，水泥管，玻璃钢管等。止水、封井取决于对水质的要求，不良水源的位置和渗透、污染的可能性。设计中须规定止水、封井的位置和方法及其所用材料的质量。

第四纪松散层取水管井设计：在高压含水层、粗砂以上的取水层，以及某些极破碎的基岩层水井中，可采用缠丝过滤器或包网过滤器。中砂、细砂、粉砂层，可采用由金属或非金属的管状骨架缠金属丝或非金属丝，外填砾石组成的缠丝填砾过滤器，以防止含水层中的细小颗粒涌进井内，保证井的使用寿命，还可增大过滤器周围的孔隙率和透水性，从而减少进水时的水头损失，增加单井出水量。填砾厚度，根据含水层的颗粒大小决定，一般为 75~150 mm。沉淀管长度，一般为 2~10 米，其下端要安装在井底。

基岩中取水管井设计：如全部岩层为坚硬的稳定性岩石时，不需要安装井管，以孔壁当井管使用。当上部为覆盖层或破碎不稳定岩石，下部也有破碎不稳定岩石时，应自孔口起安装井管，直到稳定岩石为止。其中含水层处如有破碎带、裂隙、溶洞等，应根据含水岩层破碎情况安装缠丝、包网过滤器或圆孔或条孔过滤器。

## （四）管井施工

包括钻井、井管安装、填砾、止水封井、洗井等工作。

### 1. 钻井方法

常用的钻井方法有冲击钻进法、回转钻进法、冲击回转钻进法（见水文地质钻探）。

### （1）冲击钻进法

又分为钻杆冲击钻进和钢丝绳冲击钻进。常用的钢丝绳冲击钻进是借助于一定重量的钻头，在一定的高度内周期地冲击井底，使地层破碎而得进尺。在每次冲击之后，钻头或抽筒在钢丝绳带动下回转一定的角度，从而使钻孔得到规则的圆形断面。用该法钻进卵石、砾石层，致密的基岩层效果较好。在第四纪地层中钻进，多使用工字形钻头和抽筒式钻头，在基岩层中多使用十字形钻头和圆形钻头。

（2）回转钻进法

又分为正循环钻进法和反循环钻进法。正循环钻进法是由转盘或动力头驱动钻杆回转，钻头切削地层而获得进尺。冲洗液由泥浆泵送出，经过提引水龙头和钻杆流至孔底冷却钻头后，经由钻杆与孔壁之间的环状间隙返出井口，同时将孔底的岩屑带出，用这种方法钻进砂土、粘土、砂等地层时效率较高。在第四纪地层中全面钻进，多使用鱼尾钻头、三翼刮刀钻头和牙轮钻头。在基岩层取心钻进，多使用岩心管取心合金钻头和钢粒钻头，全面钻进多使用牙轮钻头。反循环钻进法适于在卵石、砾石、砂、土等地层钻进大直径钻孔，具有钻进效率高，成本低等优点。有三种反循环方式：①泵吸反循环，利用离心泵（砂石泵）的抽吸作用，井孔内的冲洗液自上向下流动，经过井底与被切削扰动的岩屑一起进入钻杆，再经吸水软管进入离心泵而排入沉淀池，沉淀后的冲洗液再流回井孔，形成循环。离心泵的抽吸效率，在孔深 50 米以内效率较高，随着孔深的增加其效率逐渐降低。②喷射反循环，利用水泵或空气压缩机所产生的高压流，经装在喷射腔内的喷嘴将水或空气高速喷射出去，在喷嘴外部形成负压区，其负压可达 0.08~0.09 兆帕，此负压区可使钻杆内的冲洗液流动，并排出孔外，以此造成冲洗液不断循环。喷射反循环，功率损失较大，利用率低，并随着孔深的加深，效率迅速下降，一般在 50 米以内孔段使用，在深孔常和气举反循环钻进法配合使用。③气举反循环（压气反循环），利用压缩空气与钻杆内的冲洗液混合后形成低比重的混合物，以高速向上流动，从而将孔底岩屑带出孔外。其效率主要取决于压缩空气的压力和排量，以及输气管沉没在水中的深度和混合室的结构等。此法不能用于 10 米以内的孔段。在孔深 50 米以内效率低于泵吸反循环和喷射反循环，但随着钻孔的加深，其效率逐渐提高。这种方法常与泵吸反循环或喷射反循环配合使用，以便充分发挥各自的特点，取得更加经济合理的效果。

（3）冲击回转钻进法

分为液动冲击回转钻进法和气动冲击回转钻进法（即潜孔锤钻进法）。常用的潜孔锤钻进法是以转盘或动力头驱动钻杆和潜孔锤回转，并以高压大风量的压缩空气驱动潜孔锤的活塞，以高频率冲击钻头破碎岩石，通过钻头排出的压缩空气将岩屑带出孔外。其效率约为空气冲洗牙轮钻头回转钻进效率的数倍，钻进坚硬岩层效果更为显著。这种钻进方法是以压缩空气为冲洗介质，因受空气压缩机压力限制，在水位高、富水性强的岩层中使用，其钻进深度不能很大。

2. 井管安装

根据不同井管、钻井设备而采用不同的安装方法。主要有：①钢丝绳悬吊下管法，适用于带丝扣的钢管、铸铁管，以及有特别接头的玻璃钢管、聚丙烯管及石棉水泥管，拉板焊接的无丝扣钢管，螺栓连接的无丝扣铸铁管，黏接的玻璃钢管，焊接的硬质聚氯乙烯管；②浮板下管法，适用于井管总重超过钻机起重设备负荷的钢管或超过井管本身所能承受拉力的带丝扣铸铁井管；③托盘下管法，适用于水泥井管，砾石胶结过滤器及采用铆焊接头的大直径铸铁井管。

### 3. 填砾

填砾方法有：静水填入法，适用于浅井及稳定的含水层；循环水填砾法，适用于较深井；抽水填砾法，适用于孔壁稳定的深井。

### 4. 止水封井

根据管井对水质的要求进行止水、封井，其位置应尽量选择在隔水性好、井壁规整的层位。供水井应进行永久性止水、封井，并保证止水、封井的有效性，所用材料不能影响水质。永久性止水、封井方法有：黏土和黏土球围填法、压力灌浆法。所用材料为黏土、黏土球及水泥。

### 5. 洗井

洗井目的是为了清除井内泥浆，破坏在钻进过程中形成的泥浆壁，抽出井壁附近含水层的泥浆、过细的颗粒及基岩含水层中的充填物，使过滤器周围形成一个良好的滤水层，以增大井的出水量。常用的洗井方法有：活塞洗井法、压缩空气洗井法、冲孔器洗井法、泥浆泵与活塞联合洗井法、液态二氧化碳洗井法及化学药品洗井法等。这些洗井方法用于不同的水文地质条件与不同类型的管井，洗井效果也不相同，应因地制宜地加以选用。

## （五）使用维护

直接关系到井的使用寿命，如使用维护不当，将使管井出水量减少、水质变坏，甚至使井报废。管井在使用期限内应根据抽水试验资料，妥善选择管井的抽水设备。所选用水泵的最大出水量不能超过井的最大允许出水量。管井在生产期中，必须保证出水清，不含砂；对于出水含砂的井，应适当降低出水量。在生产期中还应建立管井使用档案，仔细记录使用期中出水量、水位、水温、水质及含砂量变化情况，借以随时检查、维护。如发现出水量突然减少，涌砂量增加或水质恶化等现象，应即停止生产，进行详细检查修理后，再继续使用。一般每年测量一次井的深度，与检修水泵同时进行，如发现井底淤砂，应进行清理。季节性供水井，很容易造成过滤器堵塞而使出水量减少。因此在停用期间，应定期抽水，以避免过滤器堵塞。

## 二、大口井

井深一般不超过 15 m 的水井，井径根据水量、抽水设备布置和施工条件等因素确定，一般为常用为 5~8 m，不宜超过 10 m。地下水埋藏一般在 10 m 内，含水层厚度一般在 5~15 m，适用于任何砂、卵、砾石层，渗透系数最好在 20 m/d 以上，单井出水量一般 500~10 000 m³/d，最大为 20 000~30 000 m³/d。

大口井适用于地下水埋藏较浅、含水层较薄且渗透性较强的地层取水，它具有就地取材、施工简便的优点。

大口井按取水方式可分为完整井和非完整井，完整井井底不能进水，井壁进水容易堵塞，非完整井井底能够进水。

按几何形状可分为圆形和截头圆锥形两种。圆筒形大口井制作简单，下沉时受力均匀，不易发生倾斜，即使倾斜后也易校正；圆锥截头圆锥形大口井具有下沉时摩擦力小、易于下沉，但下沉后受力情况复杂、容易倾斜，倾斜后不易校正的特点。一般来说，在地层较稳定的地区，应尽量选用圆筒形大口井。

## 三、辐射井

一种带有辐射横管的大井，井径 2~6 米，在井底或井壁按辐射方向打进滤水管以增大井的出水量，一般效果较好。滤水管多者出水量能增加数倍，少的也能增加 1~2 倍。

辐射井按集水类型可分为集取河床渗透水型、同时集取河床渗透水与岸边地下水型、集取岸边地下水型、远离河流集取地下水型四种。

位置选择的原则有以下三点：

①集取河床渗透水时，应选河床稳定、水质较清、流速较大、有一定冲刷能力的直线河段。

②集取岸边地下水时，应选含水层较厚、渗透系数较大的地段。

③远离地表水体集取地下水时，应选地下水位较高、渗透系数圈套地下补给充沛的地段。

## 四、复合井盖

### (一) 产品介绍

采用不饱和聚酯树脂为基体的纤维增强热固性复合材料，又称为团块模塑料

（DMC），用压制成型技术制成，是一种新型的环保型盖板。复合井盖采用高温高压一次模压成型技术，聚合度高，密度大，有良好的抗冲击和拉伸强度，具有耐磨、耐腐蚀、不生锈、无污染、免维护等优点。

产品特性。复合井盖内部使用网状钢筋增强，关键受力部分特殊加强，在发生不可避免的外力冲击时，可迅速分散压力保证人车安全。

不含金属，石塑井盖和混凝土井盖钢筋骨架还不到井盖总重的1/10。没有多大的偷盗价值。而且由于井盖强度极高，要从井盖内取出这一点点钢筋是极难的。

## （二）特点

强度高：具有很高的抗压、抗弯、抗冲击的强度，有韧性。长期使用后该产品不会出现井盖被压碎及损坏现象，能彻底杜绝"城市黑洞"事故的发生。

外观美：表面花纹设计精美，颜色亮丽可调，美化城市环境。

使用方便，重量轻：产品重量仅为铸铁的三分之一左右，便于运输、安装、抢修，大大减轻了劳动强度。

无回收价值，自然防盗：根据客户需要并设有锁定结构，实现井内财物防盗。

耐气候性强：井盖通过科学的配方、先进的工艺、完善的技术设备使该产品能在$-50 \sim +300℃$环境中正常使用。

耐酸碱、耐腐蚀、耐磨、耐车辆碾压，使用寿命长。

## （三）技术特征

复合井盖在技术上有以下方面的特点：

复合井盖采用最新高分子复合材料，以钢筋为主要的内部骨架，经过高温模压生产而成，强度最高可以承受50吨的重量。

井盖重量轻，方便运输和安装，可以大大地减轻劳动强度。全新树脂井盖具有很好的防盗性能，因为合成树脂材料无回收的价值，有效地杜绝了"城市黑洞"的出现。

复合井盖精度高、耐腐蚀，经过高温模压生产，具有很好的耐酸碱、耐腐蚀的能力，有效地延长了树脂井盖的使用寿命。

## （四）安装特征

随着技术的不断发展，井盖作为市政和建筑的常用材料得到了快速的发展，下面给大家讲一下复合井盖的安装注意事项：

①为保持盖外表的美观，表面花纹和字迹的清晰，沥青路面施工时应用薄铁皮或木板覆盖在井盖上，黑色井盖也可用废机油等刷涂盖面，防止沥青喷在井盖上。

②井盖的砖砌体砌筑，应按照设计院设计的井盖尺寸确定其内径或者说长×宽、方圆，也可相应参照标准执行，并在井盖外围浇铸宽为 40 cm 的混凝土保护圈，保养期要在 10 天以上。

③在沥青路面上安装井盖时，一定要注意避免施工机械直接碾压井座。在路面整体浇铸时，应在路面预留比井座略大的孔，在沥青铺完后安置。

④混凝土将井座浇铸或沥青铺设后，应及时将井盖打开清洗，避免砂浆或沥青将检查井盖与座浇成一体，以免影响日后开启。

## （五）安装过程

在安装复合井盖时要按照以下四个步骤：

①在安装之前，井盖地基要整齐坚固，要按井盖的尺寸确定内径以及长和宽。

②在水泥路面安装复合井盖的时候，要注意井口的砌体上要使用混凝土浇注好，还要在外围建立混凝土保护圈，保养 10 天左右。

③在沥青路面安装复合井盖要注意避免施工的机械直接地碾压井盖和井座，以免发生损坏。

④为了保持井盖的美观以及字迹、花纹的清晰，在路面浇注沥青和水泥要注意不要弄脏井盖。

# 五、截潜流工程

截潜流工程又称地下拦河坝，是在河底砂卵石层内，垂直河道主流修建截水墙，同时在截水墙上游修筑集水廊道，将地下水引入集水井的取水工程。适应于谷底宽度不大、河底砂卵石层不厚，而潜流量又较大的地段。集水廊道的透水壁外一般应设置反滤层，廊道坡度以 1/50~1/200 为宜。集水井设置于廊道出口处，井的深度应低于廊道 1~2 米，以便沉砂和提水。截潜流工程是综合开发河道地表和地下径流的一种地下集水工程，其一般由截水墙、进水部分、集水井、输水部分等组成。其工程类型按截潜流的完成程度，可分为完整式和非完整式两种，完整式截水墙穿透含水层，非完整式没有穿透含水层，只拦截了部分地下水径流。

# 第三节　河流取水工程

## 一、江河取水概况

### （一）江河水源分布广泛

江河在水资源中具有水量充沛、分布广泛的特点，常用于作为城市和工矿供水水源，例如在我国南方（秦岭淮河以南）90%以上的水源工程都以江河为水源。

### （二）江河取水的自然特性

江河取水受自然条件和环境影响较大，必须充分了解江河的径流特点，因地制宜地选择取水河段。特别是北方各地，河流的流量和水位受季节影响，洪、枯水量变化悬殊，冬季又有冰情能形成底冰和冰屑，易造成取水口的堵塞，为保证取水安全，必须周密调查，反复论证。

### （三）全面了解河道的冲淤变化

河道在水流作用下，不断地发生着平面形态和断面形态的变化，这就是通常所说的河道演变。河道演变是河流水沙状况和泥沙运动发展的结果，不论是南方北方，还是长江黄河挟带泥沙的水流在一定条件下可以通过泥沙的淤积而使河床抬高，形成滩地，也可以通过水流的冲刷而使河岸坍塌，河道变形。泥沙有时可能会被紊动的水流悬浮起来形成悬移质泥沙；有时也可因水流条件的改变而下沉到河流床面，在河床上推移运动，成为推移质泥沙。当水流挟带能力更小时，推移质或悬移质泥沙还能淤积在河床上成为河床质泥沙。在河流中，悬移质、推移质泥沙和河床质泥沙间的这种不断交替变化的过程，就是河道冲刷和淤积变化的过程。冲淤演变常造成主流摆动，取水口脱流而无法取水。

## 二、河流的一般特性

河流大致分为山区河流和平原河流两大类。对于较大的河流，其上游多为山区河道，下游多为平原河道，而上下游之间的中游河段，则兼有山区和平原河道的特性。

## （一）山区河流

山区河道流经地势高峻地形复杂的山区，在其发育过程中以河流下切为主，其河道断面一般呈 V 字形或 U 字形。

在陡峻的地形约束下，河床切割深达百米以上，河槽宽仅二三十米，宽深比一般小于100，洪水猛涨猛落是山区河流的重要水文特点，往往一昼夜间水位变幅可达 10 m 之巨，山区河流的水面比降常在 1‰以上，如黄河上游的平均比降达 10‰。由于比降大，流速高，挟沙能力强，含沙量常处在非饱和状态，有利于河流向冲刷方向发展。

## （二）平原河道

平原河道按其平面形态，可分为四种基本类型，即顺直型、弯曲型、分汊型和游荡型。

### 1. 顺直型河段

该类河流在中水时，水流顺直微弯，枯水时则两岸呈现犬牙交错的边滩，主流在边滩侧旁弯曲流动并形成深槽。

### 2. 弯曲型河段

该型河段是平原河道最常见的河型，其特点是中水河槽具有弯曲的外形，深槽紧靠凹岸，边滩依附凸岸。弯道上的水流受重力和离心力的作用，表层水流向凹岸，底层水流向凸岸，形成螺旋向前的螺旋流。受螺旋流的作用，表层低含沙水冲刷凹岸，使凹岸崩塌并不断后退。

在长期水流作用下。弯曲凹岸的不断崩塌后退，凸岸的不断延伸，会使河弯形成 U 字形的改变，进而使两个弯顶之间距离不断缩短而形成河环。河环形成后，一旦遭遇洪水漫滩，就会在河弯发生"自然裁弯"，从而使河弯处的取水构筑淤塞报废。

### 3. 分汊型河道

分汊型河道亦称江心洲型河道，如南京长江八卦洲河段，其特点是中水河槽分汊，两股河道周期性的消长，在分汊河道的尾部，两股水流的汇合处，其表流指向河心，底流指向两岸，有利于边滩形成。在分汊河段建取水工程，应分析其分流分沙的影响与河床进一步的演变发展。

### 4. 游荡型河段

其特点是中水河槽宽浅，河滩密布，汊道交织，水流散乱，主流摆动不定，河床变化迅速。像黄河花园口河段就是一个游荡型河段的示例，该河段平均水深仅 1~3 m，河道很不稳定，一般不宜在该河建设取水工程，如必须在此引水，应置引水口于较狭窄的河段，或采用多个引水口的方案。

# 三、河弯的水流结构

## （一）天然河道的平面形态

天然河道多处于弯弯相连的状态，据调查，天然河流的直段部分只占全河长的 10%~20%，弯道部分占河长的 80%~90% 以上，所以天然河道基本上是弯曲的。在弯曲河道上布置取水工程应充分了解弯道的水流结构。

## （二）弯道的水流运动

由于离心力和水流速度的平方成正比，而河道流速分布是表层大，底层小，离心力的方向是弯道凹岸的方向，因此表层水流向凹岸，使凹岸水面雍高，从而形成横比降。受横比降作用，在断面内形成横向环流。

在环流和河流的共同作用下，弯道水流的表流是指向凹岸，底流指向凸岸的螺旋流运动。螺旋流的表层水流以较大的流速对凹岸形成由上向下的淘冲力，使凹岸受到冲刷；而流向凸岸的底流，因挟带大量泥沙，致使凸岸淤积。这种发展的结果便使凹岸成为水深流急的主槽，凸岸则为水浅流缓的边滩。

## （三）弯曲河道的水流动力轴线

水流动力轴线又称主流线。在弯道上游主流线稍偏凸岸，进入弯道后主流线逐渐向凹岸过渡，到弯顶附近距凹岸最近成为主流的顶冲点。严格讲，主流线和顶冲点都因流量不同而有所变化。由于离心力因流速流量而异，水流对凹岸的顶冲点也会因枯水而上提，因洪水而下挫，常水位则处在弯顶左右。高浊度水设计规范中常以深泓线形式表达河道水流的动力轴线。深泓线是沿水流方向河床最大切深点的连线，也是水流动力轴线的直观表述。

为了解河势变化，常对各不同年代的深泓线绘制成套绘图，深泓线紧密的地方均可作为取水口的备选位置。

## （四）弯曲河道的最佳引水点

北方河道的洪枯水量相差悬殊，枯水期引水保证率较低，一般只能够引取河道来流的

25%~30%，为了保证取水安全，并免于剧烈冲淘，引水口最好选在顶冲点以下距凹岸起点下游 4~5 倍河宽的地段，或在顶冲点以下 1/4 河弯处。

### （五）格氏加速度

造成水面横比降的离心力为惯性力，是维持水流运动不变的力量，地球由西向东自转，迫使整个水流做旋转运动，其向心力指向地轴，而惯性力恰好与其相反，作用在受迫旋转的物体上。在我们的北半球，如果江河沿纬线东流，向心力指向地轴，而水流的惯性力则指向南岸，换言之，正是河流南岸的约束，迫使水流遇绕地轴做旋转运动。学者们总结格氏加速度的结论是：在北半球，水流总是冲压右岸；在南半球，水流则紧压左岸。

格氏加速度提示我们，由地球自转所产生的惯性力使水流向右岸偏离，主流线一般偏向右岸，右岸引水会靠近主流。

## 四、河流取水的洪枯分析

### （一）河流洪枯分析的必要性

现行室外给水设计规范明确指出：江、河取水构筑物的防洪标准，不应低于城市防洪标准，其设计洪水重现期不得低于 100 年。要求枯水位的保证率采用 90%~99%。而且该条文为强制性条文，必须严格执行。这样，我们在进行取水工程设计时，就必须对河流的洪水流量、枯水流量和相应的水位等参数进行认真的计算和校核，让分析计算成果更加符合未来的水文现象实际。但江河的洪、枯流量有其自身特点，上游水库的调蓄、发电运用在很大程度上改变了河流水情。在进行频率分析计算时，必须考虑其影响。另外，河流多年来的开发建设也为我们提供了许多水文特征数据，应充分利用这些数据来充实和校验我们的频率分析成果。

### （二）频率分析样本的选用

取水工程频率分析计算的任务，是根据已有的水文测验数据运用数理统计原理来推断未来若干年水文特征的出现情况。这是一种由样本（水文测验数据）推算总体的预测方法。按照数理统计原理，径流成因分析和大量的水文实践验证，我国河流的枯、洪流量变化统计符合皮尔逊Ⅲ型曲线所表达的变化规律。因此，用这种方法计算河流的洪水和枯水设计参数是适宜和合理的。给排水设计手册以较大篇幅对频率分析方法进行了详细介绍，这里不再重复。但须指出的是，统计时所使用的样本数据必须前后一致，江河上游水库的调蓄运用，改变了流量和水位的天然时程分配，使实测水文资料的一致性遭到破坏。统计分析时，不能不加区别地笼统采用，一般情况下，要将建库后的资料如水位、流量等还原为天然情况下产生的水位和流量，使前后一致起来，才能一并进行频率分析计算。因为我们的频率分析，是由"部分"推断"全局"，由"样本"推断总体的一种预测。由于水文资料年限较短，样本较少，而预测的目标值却要达到百年或千年一遇，预期很长，因此样本的选择就十分重要，应严格坚持前后一致的原则，否则就会因样本失真而造成失之毫厘，差之千里的错误。

坚持样本条件前后一致的原则，还会遇到另一种情况，即人工调控后的水文资料年限较长，如20年到30年，可以基本满足频率分析对样本的数量要求。这时，还应当对样本的统计规律进行分析判断。

还应强调指出，频率分析并不能十分理想地解决设计洪水和枯水的一切问题，为使设计数据更加稳妥，应首先进行该河段暴雨洪水基本特性分析，了解洪水的成因、来源、组成等特性和规律，为计算成果提供依据；其次还要参照相关工程进行分析验证，使成果更加接近未来的水文实际。为此，大量搜集相关水文计算成果，进行反复参照验证也属十分必要。

# 五、取水构筑物位置的合理选择

在平原型，特别是多沙平原型河道上选择取水构筑物，常有河床变迁、主流脱流之虞。例如，黄河上的许多取水口，都因对河床变迁预测不足而淤塞废弃。因此，在给水工程实践中，合理地选择取水构筑物位置，除遵循设计规范和设计手册所列的各项一般原则外，还要结合取水河段的泥沙运动规律和河道演变特点，从洪枯变化、河道走向、冲淤状况和地质地貌等方面进行综合分析判断，必要时，通过水工模型实验来最后确定。

## （一）选择取水构筑物位置须收集的资料

取水构筑物的位置选择，是建立在对河段水文状况、河势变化、河相条件及工程地质资料充分分析的基础之上，为此，必须在现场勘查的基础上，搜集和占有大量的相关资料。一般来说，须搜集的资料包括下列几个方面：

1. 水文资料

①历年洪、枯水位及相应流量、含沙量。

②洪水、中水、枯水及 $p=1\%$、$p=50\%$、$p=75\%$、$p=99\%$ 保证率下的相关流量、水位及其水、沙过程资料。

③历年逐日平均含沙量及沙峰过程资料。

④泥沙颗粒分析和级配资料。

⑤水位流量的相关曲线。

⑥各种流量状态（高、中、低）的水面比降记载资料。

⑦河段附近的水利工程情况（已建、在建和规划）。

⑧大型水利设施建设后对河道的运用影响。

⑨历年的水温变化及冰情。

⑩历年洪、枯水位时的水质分析资料和相关资料。

2. 河相资料

①水深、河宽、比降以及河道纵坡。

②平滩流量，相应水深和河宽。

③河床纵断和横断图。

④历年河势变化图，中泓线变迁图。

⑤历年河道平面图。

⑥河床质中粒径及其变化。

⑦河道冲淤变化的记载及相应流量、水位资料。

3. 地质资料

①河道地质纵断面。

②河道地质横断面。

③取水点上下游 1000 m 左右有无基岩露头或防冲控制点。

4. 其他资料

①河段的水利工程规划、航运规划。

②城市和河段的洪水设防标准及防洪工程运用情况。

③河道险情及其工程应对措施。

④附近的取水工程运用情况。

## （二）取水河段的冲淤变化分析

河道的冲淤变化，即河道演变是极其复杂的水、沙过程，影响因素很多。实践中通常采用以下四种方法进行分析研究。

①对天然河道的实测资料进行分析。

②运用泥沙运动理论和河道演变原理进行计算。

③通过河工模型试验，对河道演变和取水构筑物工作状况进行预测。

④用条件相似河段的实测资料进行类比分析。

以上几种方法中，分析其天然河道资料是最重要的方法。

## (三) 天然河道实测资料分析

河道冲淤变化是挟沙水流与河床相互作用的结果，影响河道演变的主要因素有来水来沙、河道比降、河床形态和地质情况等。要紧紧抓住以上因素，找出其互相联系的内在规律，并预测其冲淤发展趋势。

### 1. 河道平面变化

为找出其平面变化规律，应大量搜集历年的河道地形图、河势图，根据坐标系或控制点位置（如固定断面、永久性水准点、永久性的地形地标等），分别加以套绘。除套绘平面图外，还可绘制横断图，这样就可分析了解河道纵、横断面形态及其冲淤变化情况。

### 2. 河道纵向变化

为了解河段的冲淤变化，可将河段历年测得的深泓线（或河床平均高程）绘制在同一坐标图上，便可得到其纵向冲淤变化情况。

根据历年水位、流量实测资料，做同一流量的水位过程线，可以得到历年河床的冲淤变化，特别是对枯水期历年的水位变化分析。一般来说，枯水期河床是比较稳定的，如果在相同枯水流量下水位发生变化，说明河床必有所变化。

### 3. 来水来沙情况分析

来水来沙条件是影响河道变形演变的主要因素，应进行详细分析以寻求冲淤变化的原因和规律。

### 4. 河床地质资料分析

河床地质资料是影响冲淤变化的又一重要因素。当河床由松散沙质组成时，河床不太稳定，其变化会比较剧烈；当河床由较难冲刷的土质构成时，河道演变就比较缓慢，河床比较稳定。在分析河床地质情况时，要依据地质钻探资料绘制地质剖面图。

在分析了以上四方面资料后，再根据河道演变的基本原理进行由此及彼的综合分析，便可基本预测出其演变的发展趋势，从而为取水构筑物的选择提供依据。

## (四) 取水位置选择的几个条件

新版室外给水工程设计规范对取水构筑物的位置的选择做了比较详细的规定，除遵守这些规定外，鉴于河流主流摆动，水、沙危害，河道冰情以及冲刷强烈的特点，取水工程建设还要重点考虑以下七项条件：

①取水河段应主流稳定，取水口位置要靠近主流。而且取水口水位的洪枯变化都不应对水质水量产生明显影响。

②河段有支流汇入时，取水口应选择在支流汇入的影响范围之外。

③取水口应选在冰水分层且浮冰能顺流而下的河段。

④取水口应选在工程地质条件良好的河段。

⑤取水口可选在河道比较顺直没有分汊的河段。

⑥尽量选在弯曲河段凹岸的下游。

⑦选在河势控制节点附近。

# 第四节　水源涵养、保护和人工补源工程

## 一、水源涵养

水源涵养，是指养护水资源的举措。一般可以通过恢复植被、建设水源涵养区达到控制土壤沙化、降低水土流失的目的。

水源涵养可改善水文状况、调节区域水分循环，防止河流、湖泊、水库淤塞。保护可饮水水源为主要目的的森林、林木和灌木林，主要分布在河川上游的水源地区，对于调节径流，防止水、旱灾害，合理开发、利用水资源具有重要意义。水源涵养能力与植被类型、盖度、枯落物组成、土层厚度及土壤物理性质等因素密切相关。

水源涵养林，是用于控制河流源头水土流失，调节洪水枯水流量，具有良好的林分结构和林下地被物层的天然林和人工林。水源涵养林通过对降水的吸收调节等作用，变地表径流为壤中流和地下径流，起到显著的水源涵养作用。为了更好地发挥这种功能，流域内森林须均匀分布、合理配置，并达到一定的森林覆盖率和采用合理的经营管理技术措施。

### （一）作用

森林的形成、发展和衰退与水分循环有着密切的关系。森林既是水分的消耗者，又起着林地水分再分配、调节、储蓄和改变水分循环系统的作用。

#### 1. 调节坡面径流

调节坡面径流，削减河川汛期径流量。一般在降雨强度超过土壤渗透速度时，即使土壤未达饱和状态，也会因降雨来不及渗透而产生超渗坡面径流；而当土壤达到饱和状态

后，其渗透速度降低，即使降雨强度不大，也会形成坡面径流，称过饱和坡面径流。但森林土壤则因具有良好的结构和植物腐根造成的孔洞，渗透快，蓄水量大，一般不会产生上述两种径流。即使在特大暴雨情况下形成坡面径流，其流速也比无林地大大降低。在积雪地区，因森林土壤冻结深度较小，林内融雪期较长，在林内因融雪形成的坡面径流也减小。森林对坡面径流的良好调节作用，可使河川汛期径流量和洪峰起伏量减小，从而减免洪水灾害。

### 2. 调节地下径流

调节地下径流，增加河川枯水期径流量。中国受亚洲太平洋季风影响，雨季和旱季降水量十分悬殊，因而河川径流有明显的丰水期和枯水期。但在森林覆被率较高的流域，丰水期径流量占 30%~50%，枯水期径流量也可占到 20% 左右。森林增加河川枯水期径流量的主要原因是把大量降水渗透到土壤层或岩层中并形成地下径流。在一般情况下，坡面径流只要几十分钟至几小时即可进入河川，而地下径流则需要几天、几十天甚至更长的时间缓缓进入河川，因此，可使河川径流量在年内分配比较均匀，提高了水资源利用系数。

### 3. 水土保持功能

水源涵养林，是指以调节、改善、水源流量和水质的一种防护林，也称水源林。

森林土壤具有较大的孔隙度，特别是非毛管孔隙度大，从而加大了林地土壤的入渗率、入渗量。由于土壤毛管孔隙和非毛管孔隙的作用，使降雨量的 70%~80% 被贮存。落到林地上的部分雨水涵养于土壤孔隙内，主要蓄于非毛管孔隙内，因此非毛管孔隙的多少与土壤涵养水分的能力密切相关。降落到林地上的雨水，大部分都直接从土壤野孔隙渗入到了土层中，即使是激烈骤雨，也不至于急速流出而是缓慢流出，从而在缓解了洪水的同时也涵养了水源。这是森林的非常重要的功能。森林通过林冠层、林下植被层、凋落物层和林地土壤层对雨水的涵蓄后，除了部分供应林木生长发育所需及蒸发外，通过林地土壤渗透，大部分所涵蓄的水以渗透地下水的潜流形式慢慢地汇入江河，从而起到涵养水源，平稳河川川流量，减低洪水灾害的作用。

### 4. 滞洪和蓄洪功能

河川径流中泥沙含量的多少与水土流失相关。水源林一方面对坡面径流具有分散、阻滞和过滤等作用，另一方面其庞大的根系层对土壤有网结、固持作用，在合理布局情况下，还能吸收由林外进入林内的坡面径流并把泥沙沉积在林区。

降水时，由于林冠层、枯枝落叶层和森林土壤的生物物理作用，对雨水截留、吸持渗入、蒸发，减小了地表径流量和径流速度，增加了土壤拦蓄量，将地表径流转化为地下径流，从而起到了滞洪和减少洪峰流量的作用。

### 5. 枯水期的水源调节功能

通过建设水源涵养林可以适当地调节水分，由于涵养林的占地面积相对较大，而且土壤间的孔隙度以及非毛管孔隙度的数量也非常多，但是非毛管孔隙度和森林土壤涵养水分的能力之间存在着十分紧密的关系。森林能涵养水源主要表现在对水的截留、吸收和下渗，在时空上对降水进行再分配，减少无效水，增加有效水。水源涵养林的土壤吸收林内降水并加以贮存，对河川水量补给起积极的调节作用。随着森林覆盖率的增加，减少了地表径流，增加了地下径流，使得河川在枯水期也不断有补给水源，增加了干旱季节河流的流量，使河水流量保持相对稳定。森林凋落物的腐烂分解，改善了林地土壤的透水通气状况。因而，森林土壤具有较强的水分渗透力，有林地的地下径流一般比裸露地的大。

### 6. 改善和净化水质

造成水体污染的因素主要是非点源污染，即在降水径流的淋洗和冲刷下，泥沙与其所挟带的有害物质随径流迁移到水库、湖泊或江河，导致水质浑浊恶化。水源涵养林能有效地防止水资源的物理、化学和生物的污染，减少进入水体的泥沙。降水通过林冠沿树干流下时，林冠下的枯枝落叶层对水中的污染物进行过滤、净化，所以最后由河溪流出的水的化学成分发生了变化。

### 7. 调节气候

森林通过光合作用可吸收二氧化碳，释放氧气，同时吸收有害气体及滞尘，起到清洁空气的作用。森林植物释放的氧气量比其他植物高 9~14 倍，占全球总量的 54%，同时通过光合作用贮存了大量的碳源，故森林在地球大气平衡中的地位相当重要。一方面林木通过抗御大风可以减风消灾，另一方面森林对降水也有一定的影响。多数研究者认为森林有增水的效果。森林增水是由于造林后改变了下垫面状况，从而使近地面的小气候发生变化而引起的。

### 8. 保护野生动物

由于水源涵养林给生物种群创造了生活和繁衍的条件，使种类繁多的野生动物得以生存，所以水源涵养林本身也是动物的良好栖息地。

## （二）营造技术

包括树种选择、林地配置、经营管理等内容。

### 1. 树种选择和混交

在适地适树原则指导下，水源涵养林的造林树种应具备根量多、根域广、林冠层郁闭度高（复层林比单层林好）、林内枯枝落叶丰富等特点。因此，最好营造针阔混交林，其中除主要树种外，要考虑合适的伴生树种和灌木，以形成混交复层林结构，同时选择一定比例深根性树种，加强土壤固持能力。在立地条件差的地方，可以考虑对土壤具有改良作用的豆科树种做先锋树种；在条件好的地方，则要用速生树种作为主要造林树种。

### 2. 林地配置与整地方法

在不同气候条件下取不同的配置方法。在降水量多、洪水为害大的河流上游，宜在整个水源地区全面营造水源林。在因融雪造成洪水灾害的水源地区，水源林只宜在分水岭和山坡上部配置，使山坡下半部处于裸露状态，这样春天下半部的雪首先融化流走，上半部林内积雪再融化就不致造成洪灾。为了增加整个流域的水资源总量，一般不在干旱半干旱地区的坡脚和沟谷中造林，因为这些部位的森林能把汇集到沟谷中的水分重新蒸腾到大气中去，减少径流量。总之，水源涵养林要因时、因地、因害设置。水源林的造林整地方法与其他林种无重大区别。在中国南方低山丘陵区降雨量大，要在造林整地时采用竹节沟整地造林；西北黄土区降雨量少，一般用反坡梯田整地造林；华北石山区采用"水平条"整地造林。在有条件的水源地区，也可采用封山育林或飞机播种造林等方式。

### 3. 经营管理

水源林在幼林阶段要特别注意封禁，保护好林内死地被物层，以促进养分循环和改善表层土壤结构，利于微生物、土壤动物（如蚯蚓）的繁殖，尽快发挥森林的水源涵养作用。当水源林达到成熟年龄后，要严禁大面积皆伐，一般应进行弱度择伐。重要水源区要禁止任何方式的采伐。

## 二、水资源保护区的划分与防护

### （一）水源保护区

水源保护区，是指国家对某些特别重要的水体加以特殊保护而划定的区域。1984年的《中华人民共和国水污染防治法》第十二条规定，县级以上的人民政府可以将下述水体划为水源保护区：生活饮用水水源地、风景名胜区水体、重要渔业水体和其他有特殊经济文化价值的水体。其中，饮用水水源地保护区包括饮用水地表水源保护区和饮用水地下水源保护区。

### （二）水资源保护区的等级划分

### 1. 划分原则

①必须保证在污染物达到取水口时浓度降到水质标准以内。

②为意外污染事故提供足够的清除时间。

③保护地下水补给源不受污染。

2. 划分方法

我国水源保护区等级的划分依据为对取水水源水质影响程度大小，将水源保护区划分为水源一级、二级保护区。

结合当地水质、污染物排放情况，位于地下水口上游及周围直接影响取水水质（保证病原菌、硝酸盐达标）的地区可划分为水源一级保护区。

将一级水源保护区以外的影响补给水源水质，保证其他地下水水质指标的一定区域划分为二级保护区。

## （三）水资源保护区的生态补偿机制实施的影响因素对策

### 1. 生态补偿机制在水资源保护区的重要性

（1）有利于促进水资源保护区的生态文明建设

生态文明兴起源于人类中心主义环境观指导下，是对人类与自然的矛盾的正面解决方式，反映了人类用更文明而非野蛮的方式来对待大自然、努力改善和优化人与自然关系的理念。党的十八大把生态文明建设提升到建设中国特色社会主义事业总体布局的高度，提出建设生态文明，打造美丽中国，实现中华民族永续发展。建立生态补偿机制有利于推动水资源保护工作，推进水资源的可持续利用，加快环境友好型社会建设，实现不同地区、不同利益群体的公平发展、和谐发展，有利于促进我国生态文明的建设。

（2）推进水资源保护区综合治理中问题与矛盾的解决

水资源保护区的生态补偿是指为恢复、维持和增强水资源生态系统的生态功能，水资源受益者对导致水资源生态功能减损的水资源开发或利用者征收税费，对改善、维持或增强水资源生态服务功能而做出特别牺牲者给予经济和非经济形式补偿的制度，是一种保护水资源生态环境的经济手段，是生态补偿机制在水资源保护中的应用，集中体现了公正、公平的价值理念，也是肯定水资源生态功能价值的一种表现。水资源保护区补偿机制的建立，一方面可以将水资源保护区源头治理保护的积极性调动起来，使优质水源得到有效保障；另一方面还能有效缓解水资源地区治理保护费用不足的现象，使得社会经济的高速发展与保护生态环境之间不断加深的矛盾得到有效改善。

### 2. 影响生态补偿机制实施的因素

（1）资源利用率很低，开发利用难以实现

水资源利用不合理是目前最大的问题，开发利用的可能性在不断地被简化，同时在我国的水资源利用的过程中出现了分配不均的问题，主要体现在水资源利用的过程中由于分配问题导致特殊地区的水资源供给不足，给我国的居民生活以及城市绿化、工业生产带来的一定的影响，能够再次开发利用的机会相对比较缺乏，开发技术也难以实现社会的需求。

（2）水资源浪费、污染严重

我国在水资源利用的过程中，出现的生活浪费、工业污染排放的现象特别严重，这就在很大程度上造成了水资源的浪费以及污染，为我们的资源保护带来了很大的困惑。但是目前的污染治理以及减少浪费的观念在人们的意识中还不是十分受重视，很多人认为水资源是无穷的，可以随便的浪费，特别是工业的不断发展和城市化进程的加快，如果不能得到很好的治理，就难以保护我们的水资源，这将对我们子孙后代的生活造成严重的影响。

（3）生态补偿机制不够完善

目前虽然已经建立了生态补偿机制，但是在科学化的管理上缺乏完善性，虽然在水资源救治中能够实现生态补偿机制的优化发展，能够有效地保证我国的水资源保护，但是目前的生态补偿机制在实用性以及合理性上十分欠缺，主要表现在机制的模式化受到一定的局限，无法实现机制中的构想，难以落实水资源的保护。生态补偿机制的缺陷严重地阻碍了水资源利用以及再发展，政府要在硬性指标问题上推进生态补偿机制的建立以及完善，实现对水资源的保护。

3. 生态补偿机制实施对策

（1）建立科学合理的补偿标准

完善水资源补偿机制的统一管理能够最大限度地体现生态保护，实现保护标准的合理化，在水资源保护机制中能够体现的补偿标准就是最大限度地实现政府与水源机构在意识上的一致性，同时要在水源的保护上体现科学性的管理模式，能够给水资源补偿提供更多的便利。当然在不同的地区要对补偿的机制标准进行适当的调整，实现生态补偿的最大化以及合理化。

（2）扩大资金补偿范围

我国目前充分遵循了"谁保护谁受益""谁改善谁得益""谁贡献大谁多得益"的基本原则，使得生态环保财力转移支付制度得到进一步加强，从而充分激发各地积极保护环境的意识。在补偿时，不应该只包括流域污染治理成本，同时还应当包括因保护生态环境而丧失发展机会的成本，并且还要加大投入对水资源的补偿资金，使得补偿范围向调整产业结构、退耕还林工作、对环境污染的日常防止管理以及直接补偿生态环境保护者等方面拓展。

（3）探索建立"造血型"生态补偿机制

为使得居民收入水平得到有效提高，应在生态保护建设工程中添加生态补偿项目，并鼓励居民积极承担建设和保护生态的工程项目。在这些区域内，进一步加强特色优势产业的扶持，如生态农业林业、生态旅游业以及对可再生能源的开发利用等。同时，探索并利用一些优惠政策，如银行金融信贷、财政投资的补贴以及减免税费等，使得特色产业在满足当地环境资源承载能力并持续发展壮大的情况下，有效促进地方政府的税收和居民就业。此外还可以进行"异地补偿性开发"试点，建立"飞地经济"，增强上游地区经济实力，促进公平发展、和谐发展。

（4）建立起公平合理的激励机制

生态补偿也是一种利益分配。所以，要使得利益变得均衡，在依靠行政手段的同时，还须凭借一定市场机制以及公众的广泛参与。水资源上下游的利益从长远来看是一致的，是"唇齿相依"的关系，因而，不能片面地将生态补偿看成水资源现状受惠，应当看成是在水资源生态受益过程中对生态环境保护的一种补偿。从试点实施来看，当前大多仍然采取的是政府主导和市场调节的方式来进行生态补偿。为此，我们要从市场经济角度进一步探索，使得全流域经济一体化得到有效推进，同时还要促使市场开放范围得到一定的扩大，以便实现区域经济融合互补得到进一步加强，实现上下游资源的共享，发挥出流域整体最佳的生态优化服务目标。

# 三、人工补源回灌工程

## （一）人工回灌及其目的

所谓地下水人工补给（即回灌），就是将被水源热泵机组交换热量后排出的水再注入地下含水层中去。这样做可以补充地下水源，调节水位，维持储量平衡；可以回灌储能，提供冷热源，如冬灌夏用，夏灌冬用；可以保持含水层水头压力，防止地面沉降。所以，为保护地下水资源，确保水源热泵系统长期可靠地运行，水源热泵系统工程中一般应采取回灌措施。

目前，尚无回灌水水质的国家标准，各地区和各部门制定的标准不尽相同，应注意的原则是：回灌水质要好于或等于原地下水水质，回灌后不会引起区域性地下水水质污染。实际上，水源水经过热泵机组后，只是交换了热量，水质几乎没发生变化，回灌不会引起地下水污染，但是存在污染水资源的风险。

## （二）回灌类型及回灌量

根据工程场地的实际情况，可采用地面渗入补给、诱导补给和注入补给。注入式回灌一般利用管井进行，常采用无压（自流）、负压（真空）和加压（正压）回灌等方法。无压自流回灌适于含水层渗透性好，井中有回灌水位和静止水位差的情况。真空负压回灌适于地下水位埋藏深（静水位埋深在 10 m 以下），含水层渗透性好的地层。加压回灌适用于地下水位高、透水性差的地层。

回灌量大小与水文地质条件、成井工艺、回灌方法等因素有关，其中水文地质条件是影响回灌量的主要因素。一般说，出水量大的井回灌量也大。

## （三）地下水管井回灌方式分类

由于地下水源热泵工程所在地区的水文地质条件和工程场地条件各有差异，实际应用的人工回灌工程方式有所不同，各种方式的特点、适用条件和回灌效果也不同。

### 1. 同井抽灌方式

同井抽灌方式是指从同一眼管井底部抽取地下水，送至机组换热后，再由回水管送回同一眼井中。回灌水有一部分渗入含水层，另一部分与井水混合后再次被抽取送至机组换热，形成同一眼管井中井水循环利用。

同井抽灌方式适合于地下含水层厚度大，渗透性好，水力坡度大，径流速度快的地区。

同井抽灌方式的优点是节省了地下水源系统的管井数量，减少了一部分水源井的初投资。

同井抽灌方式的缺点是，在运行过程中，一部分回水和一部分出水发生短路现象，两者混合形成自循环，对水井出水温度影响很大。冬季供暖运行时，井水出水温度逐渐降低，夏季制冷运行时，井水出水温度逐渐升高。

### 2. 异井抽灌方式

异井抽灌方式是指从某一眼管井含水层中抽取地下水，送至机组换热后，由回水管送至另一眼管井回灌到含水层中，从而形成局部地区抽灌井之间含水层中地下水与土壤热交换的循环利用系统。

异井抽灌方式适合的水文地质条件比同井抽灌方式的范围宽。

异井抽灌方式的优点是回灌量大于同井回灌。抽灌井之间有一定距离，回水温度对供水温度没有影响，不会导致机组运行效率下降，因而运行费用比同井抽灌方式低。冬季和夏季不同季节运行时，抽灌井可以切换使用。

异井抽灌方式的缺点是增加了地下水源系统的管井数量，增加了水源井的初投资。

## （四）产生回灌不畅的原因

无论采用同井还是异井回灌方式，由于目前在很多地区采用的回灌方式均为自流回灌，因此往往会产生回灌不畅的问题，以下对产生回灌不畅的原因进行分析。

由于地下水具有一定的压力，受透水层阻力影响，抽取容易，回灌慢。地下水含矿物质、微生物，在抽取回灌过程，由于管井并非密闭加压回灌方式，水在从地下抽取过程中，含氧量也发生了变化，经物理反应，产生气泡含发黏的胶状物，由井内向地层渗透时黏结堵塞了滤水管间隙，透水率降低，就出现回灌不下去的现象。其原因主要是回灌井结构及成井工艺问题：抽水时地下水从地下含水层经砾料、滤水管进入井内被抽出。滤料、滤水管起到很好的过滤作用。而回灌时水从井管内经滤水管、砾料向地层渗透，如果回灌井还按照抽水井结构及成井工艺，回灌井中胶状发黏物被过滤黏结堵塞了透水间隙。所以原来普遍使用的给水井抽水井结构，不适合作为回灌井。另外，片面强调水井抽取量，而过量开采，动水位（降深值）增大，粉细砂抽入井内或堆积水井周围，抽取的水中含砂量超标，降低透水率。所以在第四系地层取水，必须按照当地水文地质条件。水位降深值（动水位）不超过 15 m，含砂量少于 1/20 万（体积比），否则影响水井使用寿命，出水量逐年降低，严重者造成地面下沉，附近建筑物受到影响。

抽水井与回灌井的数量比例：视回灌井在当地水文地质条件下的最大回灌量，由以下诸因素决定：

①静水位埋深。

②含水地层状况、埋深及厚度。

③成井结构。

④成井施工工艺过程等。

## （五）避免回灌不畅的方式

### 1. 钻井设备的选择

成井钻孔主要有两类：

冲击钻成井工艺简单，成本费用少，只在卵石较大地区适用，但是出水量、透水率受影响。

回转钻方式成本费用高，适合在颗粒较小地层钻进，在大颗粒的卵石层钻进慢。成井质量好，只要严格按照完善的成井工艺要求，出水量透水率，水位降深值明显优于冲击钻成井。

## 2. 采用合理的管井结构

### （1）抽水井

采用双层管结构，内井管用于抽水，外井管有透水井笼。工作原理是：由于地下水位的降低，上部原含水层已基本疏干，地层结构松散，具有很好的透水性。由内外管之间回灌，经透水管笼向地层渗透。特制的回灌井笼具有强度高，抗挤压不变形，透水性强、阻力小等特点回灌水中的发黏胶状物不黏结堵塞，能顺利通过回到地下。为了保证抽水温度，回灌水不允许回到内井管，必须有止回水料。用此结构的水井还能起到一定辅助回灌量。

### （2）回灌井

采用特制的回灌管笼，笼式结构与传统给水管井透水结构相比，由于其透水率高，阻力小，回灌渗透快。回灌水中的发黏胶状物堵塞不了透水间隙，回灌迅速畅通。

## 3. 回扬

为预防和处理管井堵塞，还应采用回扬的方法。所谓回扬就是在回灌井中开泵抽排水中堵塞物。每口回灌井回扬次数和回扬持续时间主要由含水层颗粒大小和渗透性而定。在岩溶裂隙含水层进行管井回灌，长期不回扬，回灌能力仍能维持；在松散粗大颗粒含水层进行管井回灌，回扬时间为每周1~2次；在中、细颗粒含水层里进行管井回灌，回扬间隔时间应进一步缩短，每天应1~2次。在回灌过程中，掌握适当回扬次数和时间，才能获得好的回灌效果，如果怕回扬多占时间，少回扬甚至不回扬，结果管井和含水层受堵，反而得不偿失。回扬持续时间以浑水出完，见到清水为止。对细颗粒含水层来说，回扬尤为重要。实验证实：在几次回灌之间进行回扬与连续回灌不进行回扬相比，前者能恢复回灌水位，保证回灌井正常工作。

## 4. 井室密闭

采用合理的井室装置，对井口装置进行密闭，减少水源水含氧量增加的概率，最大限度地保障回灌效果。

# 第五节　污水资源化利用工程

## 一、污水资源化的内涵和意义

我国是发展中国家，虽然地域辽阔，资源总量大，但人口众多，人均资源相对较少，尤其是水资源短缺，且污染严重。随着工农业生产迅速发展，人口急剧增加，产生大量生产生活废水，既污染环境，又浪费资源，对工农业生产和人民群众的日常生活产生不利影响，使本来就短缺的水资源雪上加霜。我国属世界 12 个最贫水国家之一，人均水资源只有世界人均占有量的 1/4，全国有近 80% 城市缺水，水资源短缺已成为我国经济发展的限制因素，因此实现污水资源化利用以缓解水资源供需矛盾，促进我国经济的可持续发展，显得十分重要。

污水资源化是指将工业废水、生活污水、雨水等被污染的水体通过各种方式进行处理、净化，使其水质达到一定标准，能满足一定的使用目的，从而可作为一种新的水资源重新被利用的过程。污水资源化的核心是"科学开源、节流优先、治污为本"。对城市污水进行再生利用是节约及合理利用水资源的重要且有效途径，也是防止水环境污染及促进人类可持续发展的一个重要方面，它是水资源良性社会循环的重要保障措施，代表着当今的发展潮流，对保障城市安全供水具有重要的战略意义。

## 二、污水资源化的实施可行性

随着地球生态环境的日益恶化和人口的快速增长，世界范围内水资源的短缺和破坏状况日益严重。由于污水再生回用不仅治理了污水，同时可以缓解部分缺水状况，因此目前许多国家和地区都积极地开展污水资源化技术的研究与推广，尤其是在水资源日益匮乏的今天，污水再生回用技术已经引起人们的高度重视。

### (一)污水回用技术成熟

污水回用已有比较成熟的技术，而且新的技术仍在不断出现。从理论上说，污水通过不同的工艺技术加以处理，可以满足任何需要。目前国内外有大量的工程实例，将污水再生回用于工业、农业、市政杂用、景观和生活杂用等，甚至有的国家或地区采用城市污水作为对水质有更高要求的水源水。例如南非的温德霍克市和美国丹佛市已将处理后的污水用作生活饮用水源，将合格的再生水与水库水混合后，经过净水处理送入城市自来水管网，供居民饮用，运行数十年没有出现任何危害人体健康的问题。

## （二）水源充足

城市污水厂的建设为污水再生回用提供了充足的源水，而且，污水处理能力还在不停提高，为城市污水再生回用创造了良好的条件，可以保证再生水用量及水质的需求。

## （三）公众心理接受程度日趋提高

由国内外的抽样调查来看，人们对于不与人体直接接触的各种杂用水普遍持赞成态度。据北京市政设计院调查，作为冲洗厕所、喷洒绿地等杂用水的接受率均超过90%。

# 三、污水资源化的原则

## （一）可持续发展原则

污水资源化利用既要考虑远近期经济、社会和生态环境持续协调发展，又要考虑区域之间的协调发展；既要追求提高再生水资源总体配置效率最优化，又要注意根据不同用途、不同水质进行合理配置、公平分配；既要注重再生水资源和自然水资源的综合利用形式，又要兼顾水资源的保护和治理。

## （二）综合效益最优化原则

再生水资源与其他形式水资源的合理配置，应按照"优水优用、劣水劣用"的原则，科学地安排城市各类水源的供水次序和用户用水次序，最终实现再生水资源的优化配置，使水资源危机的解决与经济增长目标的冲突降至最低，从而取得经济增长和水资源保护的双赢。

## （三）就近回用原则

根据污水处理厂所在地理位置、周边地区的自然社会经济条件，选择工业企业、小区居民、市政杂用和生态环境用水等方式，再生水回用采取就近原则，这样可以减轻对长距离输送管网的依赖和由此产生的矛盾。

## （四）先易后难，集中与分散相结合原则

优先发展对配套设施要求不高的工业企业冷却洗涤用水回用，优先发展生态修复工

程。一方面鼓励进行大规模污水处理和再生，另一方面鼓励企业和新建小区，采用分散处理的方法，进行分散化的污水回用，积极推进再生水资源在社会生活各方面的使用。

### （五）确保安全原则

以人为本，彻底消除再生水利用工程的卫生安全隐患，保障广大市民的身体健康。再生水作为市政杂用水利用，必须进行有效的杀菌处理；再生水回灌城市景观河道，除满足相关水质标准的要求外，还考虑设置生态缓冲段，利用生态修复和自然净化提高再生水的水质，改善回灌河道的水环境质量。

## 四、我国污水回用的发展趋势

目前，由于水资源严重不足，水质不断恶化，许多国家都面临着水资源短缺的危机。随着世界人口的增加、城市化进程的加剧，人均水资源占有量将逐年减少；同时，水环境污染亦加重了水资源短缺的形势。污水再生回用已经成为解决水资源短缺、维持健康水环境的重要途径。

值得庆幸的是，我国政府已将水资源可持续利用作为经济社会发展的战略问题，城市污水回用作为提高水资源有效利用率、有效控制水体污染的主要途径已越来越受到包括政府在内的社会各界的高度重视，并针对这一问题开始了具体行动。20 世纪 80 年代末，随着我国大部分城市水危机的频频出现和污水回用技术趋于成熟，污水回用的研究与实践得以迅速发展。"八五计划"的实践表明：污水回用措施既节水又能减轻环境污染，环境、经济和社会效益都非常显著。

我国已把污水回用列入了国家科技攻关计划，近年来，国家对城市污水资源化组织科技攻关，就污水回用的再生技术、回用水水质指标、技术经济政策等进行大量实验研究和推广普及，并取得了丰硕成果。诸多新型水处理药剂的开发及各种水处理工艺的推广与应用，使各工业行业废水的回用有了更广阔的前景。与此同时，我国还兴建了若干示范工程，我国第一个污水回用工程已在大连运行 8 年，成功地向周围工厂供工业用水，解决了这些厂的用水问题，污水处理厂本身也得到收益。随着我国城市化进程的推进，我国城市污水资源化会在全国各地更加蓬勃发展；随着水处理技术的发展和进步，高效率低能耗的污水深度处理技术的产生和推广，再生水处理的费用的降低，再生水水质可以满足更多更广的再生水用户需要，污水再生回用的回用范围将日益扩大。

# 第五章 水资源保护

## 第一节 水资源保护理论及措施

### 一、水资源保护的含义

水是生命的源泉，它滋润了万物，哺育了生命。我们赖以生存的地球有70%是被水覆盖着的，而其中97%为海水，与我们生活关系最为密切的淡水，只有3%，而淡水中又有70%~80%为冰川淡水，目前很难利用。因此，我们能利用的淡水资源是十分有限的，并且有受到污染的威胁。

中国水资源分布存在如下特点：总量不丰富，人均占有量更低；地区分布不均，水土资源不相匹配；年内年际分配不匀，旱涝灾害频繁。而水资源开发利用中的供需矛盾日益加剧，首先是农业干旱缺水，随着经济的发展和气候的变化，中国农业，特别是北方地区农业干旱缺水状况加重，干旱缺水成为影响农业发展和粮食安全的主要制约因素。其次是城市缺水，中国城市缺水，特别是改革开放以来，城市缺水越来越严重。同时，农业灌溉造成水的浪费，工业用水浪费也很严重，城市生活污水浪费惊人。

目前，中国的水资源环境污染已经十分严重，根据中国环保局的有关报道：中国的主要河流有机污染严重，水源污染日益突出。大型淡水湖泊中大多数湖泊处在富营养状态，水质较差。另外，全国大多数城市的地下水受到污染，局部地区的部分指标超标。由于一些地区过度开采地下水，导致地下水位下降，引发地面的坍塌和沉陷、地裂缝和海水入侵等地质问题，并形成地下水位降落漏斗。

农业、工业和城市供水需求量不断提高导致有限的淡水资源更为紧张。为了避免水危机，我们必须保护水资源。水资源保护是指为防止因水资源不恰当利用造成的水源污染和破坏而采取的法律、行政、经济、技术、教育等措施的总和。水资源保护的主要内容包括水量保护和水质保护两个方面。在水量保护方面，主要是对水资源统筹规划、涵养水源、调节水量、科学用水、节约用水、建设节水型工农业和节水型社会。在水质保护方面，主要是制订水质规划，提出防治措施。具体工作内容是制定水环境保护法规和标准；进行水质调查、监测与评价；研究水体中污染物质迁移、污染物质转化和污染物质降解与水体自净作用的规律；建立水质模型，制订水环境规划；实行科学的水质管理。

水资源保护的核心是根据水资源时空分布、演化规律，调整和控制人类的各种取用水行为，使水资源系统维持一种良性循环的状态，以达到水资源的可持续利用。水资源保护不是以恢复或保持地表水、地下水天然状态为目的的活动，而是一种积极的、促进水资源开发利用更合理、更科学的问题。水资源保护与水资源开发利用是对立统一的，两者既相互制约，又相互促进。保护工作做得好，水资源才能可持续开发利用；开发利用科学合理了，也就达到了保护的目的。

水资源保护工作应贯穿在人与水的各个环节中。从更广泛的意义上讲，正确客观地调查、评价水资源，合理地规划和管理水资源，都是水资源保护的重要手段，因为这些工作是水资源保护的基础。从管理的角度来看，水资源保护主要是"开源节流"、防治和控制水源污染。它一方面涉及水资源、经济、环境三者平衡与协调发展的问题，另一方面还涉及各地区、各部门、集体和个人用水利益的分配与调整。这里面既有工程技术问题，也有经济学和社会学问题；同时，还要广大群众积极响应，共同参与，就这一点来说，水资源保护也是一项社会性的公益事业。

# 二、水资源保护措施

## （一）加强节约用水管理

依据《中华人民共和国水法》和《中华人民共和国水污染防治法》有关节约用水的规定，从以下四个方面抓好落实。

### 1. 落实建设项目节水"三同时"制度

即新建、扩建、改建的建设项目，应当制订节水措施方案并配套建设节水设施，节水设施与主体工程同时设计、同时施工、同时投产：今后新、改、扩建项目，先向水务部门报送节水措施方案，经审查同意后，项目主管部门才批准建设；项目完工后，对节水设施验收合格后才能投入使用，否则供水企业不予供水。

### 2. 大力推广节水工艺、节水设备和节水器具

新建、改建、扩建的工业项目，项目主管部门在批准建设和水行政主管部门批准取水许可时，以生产工艺达到省规定的取水定额要求为标准；对新建居民生活用水、机关事业及商业服务业等用水强制推广使用节水型用水器具，凡不符合要求的，不得投入使用。通

过多种方式促进现有非节水型器具改造，对现有居民住宅供水计量设施全部实行户表外移改造，所需资金由地方财政、供水企业和用户承担，对新建居民住宅要严格按照"供水计量设施户外设置"的要求进行建设。

### 3. 调整农业结构，建设节水型高效农业

推广抗旱、优质农作物品种，推广工程措施、管理措施、农艺措施和生物措施相结合的高效节水农业配套技术，农业用水逐步实行计量管理、总量控制，实行节奖超罚的制度，适时开征农业水资源费，由工程节水向制度节水转变。

### 4. 启动节水型社会试点建设工作

突出抓好水权分配、定额制定、结构调整、计量监测和制度建设，通过用水制度改革，建立与用水指标控制相适应的水资源管理体制，大力开展节水型社区和节水型企业创建活动。

## （二）合理开发利用水资源

### 1. 严格限制自备井的开采和使用

已被划定为深层地下水严重超采区的城市，今后除为解决农村饮水困难确需取水的，不再审批开凿新的自备井，市区供水管网覆盖范围内的自备井，限时全部关停；对于公共供水不能满足用户需求的自备井，安装监控设施，实行定额限量开采，适时关停。

### 2. 贯彻水资源论证制度

国民经济和社会发展规划以及城市总体规划的编制，重大建设项目的布局，应与当地水资源条件相适应，并进行科学论证。项目取水先期进行水资源论证，论证通过后方能由项目主管部门立项。调整产业结构、产品结构和空间布局，切实做到以水定产业，以水定规模，以水定发展，确保水资源保护与管理用水安全，以水资源可持续利用支撑经济可持续发展。

### 3. 做好水资源优化配置

鼓励使用再生水、微咸水、汛期雨水等非传统水资源；优先利用浅层地下水，控制开采深层地下水。综合采取行政和经济手段，实现水资源优化配置。

## （三）加大污水处理力度，改善水环境

根据《入河排污口监督管理办法》的规定，对现有入河排污口进行登记，建立入河排污口管理档案。此后设置入河排污口的，应当在向环境保护行政主管部门报送建设项目环

境影响报告书之前，向水行政主管部门提出入河排污口设置申请，水行政主管部门审查同意后，才能合理设置入河排污口。

积极推进城镇居民区、机关事业及商业服务业等再生水设施建设。建筑面积在万平方米以上的居民住宅小区及新建大型文化、教育、宾馆、饭店设施，都必须配套建设再生水利用设施；没有再生水利用设施的在用大型公建工程，也要完善再生水配套设施。

足额征收污水处理费。各省、市应当根据特定情况，制定并出台《污水处理费征收管理办法》。要加大污水处理费征收力度，为污水处理设施运行提供足够的资金支持。

加快城市排水管网建设，要按照"先排水管网、后污水处理设施"的建设原则，加快城市排水管网建设。在新建设时，必须建设雨水管网和污水管网，推行雨污分流排水体系；要在城市道路建设改造的同时，对城市排水管网进行雨、污分流改造和完善，提高污水回收率。

## (四) 深化水价改革，建立科学的水价体系

利用价格杠杆促进节约用水、保护水资源。逐步提高城市供水价格，不仅包括供水合理成本和利润，还要包括户表改造费用、居住区供水管网改造等费用。

合理确定非传统水源的供水价格。再生水价格以补偿成本和合理收益原则，结合水质、用途等情况，按城市供水价格的一定比例确定。要根据非传统水源的开发利用进展情况，及时制定合理的供水价格。

积极推行"阶梯式水价（含水资源费）"。电力、钢铁、石油、纺织、造纸、啤酒、酒精七个高耗水行业，应当实施"定额用水"和"阶梯式水价（水资源费）"。水价分三级，级差为1∶2∶10。工业用水的第一级含量，按省用水定额确定，第二、三级水量为超出基本水量10（含）和10以上的水量。

## (五) 加强水资源费征管和使用

加大水资源费征收力度。征收水资源费是优化配置水资源、促进节约用水的重要措施。使用自备井（农村生活和农业用水除外）的单位和个人都应当按规定缴纳水资源费（含南水北调基金）。水资源费（含南水北调基金）主要用于水资源管理、节约、保护工作和南水北调工程建设，不得挪作他用。

加强取水的科学管理工作，全面推动水资源远程监控系统建设、智能水表等科技含量高的计量设施安装工作。所有自备井都要安装计量设施，切实做到水资源计量、收费和管理科学化、现代化、规范化。

## （六）加强领导，落实责任，保障各项制度落实到位

水资源管理、水价改革和节约用水涉及面广、政策性强、实施难度大，各部门要进一步提高认识，确保责任到位、政策到位。落实建设项目节水措施"三同时"和建设项目水资源论证制度，取水许可和入河排污口审批、污水处理费和水资源费征收、节水工艺和节水器具的推广都要有法律、法规做保障，对违法、违规行为要依法查处，确保各项制度措施落实到位。要大力做好宣传工作，使人民群众充分认识到中国水资源短缺的严峻形势，增强水资源的忧患意识和节约意识，形成"节水光荣，浪费可耻"的良好社会风尚，形成共建节约型社会的合力。

# 第二节　天然水的组成与性质

## 一、水的基本性质

### （一）水的分子结构

水分子是由一个氧原子和两个氢原子通过共价键结合所形成的。通过对水分子结构的测定分析，两个 O-H 键之间的夹角为 104.5°，H-O 键的键长为 96 pm。由于氧原子的电负性大于氢原子，O-H 的成键电子对更趋向于氧原子而偏离氢原子，从而氧原子的电子云密度大于氢原子，使得水分子具有较大的偶极矩（$\mu = 1.84D$），是一种极性分子。水分子的这种性质使得自然界中具有极性的化合物容易溶解在水中。水分子中氧原子的电负性大，O-H 的偶极矩大，使得氢原子部分正电荷，可以把另一个水分子中的氧原子吸引到很近的距离形成氢键。水分子间氢键能为 18.81 kJ/mol，约为 O-H 共价键的 1/20。氢键的存在，增强了水分子之间的作用力。冰融化成水或者水汽化生成水蒸气，都需要在环境中吸收能量来破坏氢键。

### （二）水的物理性质

水是一种无色、无味、透明的液体，主要以液态、固态、气态三种形式存在。水本身也是良好的溶剂，大部分无机化合物可溶于水。由于水分子之间氢键的存在，使水具有许多不同于其他液体的物理、化学性质，从而决定了水在人类生命过程和生活环境中无可替代的作用。

### 1. 凝固（熔）点和沸点

在常压条件下，水的凝固点为 0 ℃，沸点为 100 ℃。水的凝固点和沸点与同一主族元素的其他氢化物熔点、沸点的递变规律不相符，这是由于水分子间存在氢键的作用。水的分子间形成的氢键会使物质的熔点和沸点升高，这是因为固体熔化或液体汽化时必须破坏分子间的氢键，从而需要消耗较多能量。水的沸点会随着大气压力的增加而升高，而水的凝固点随着压力的增加而降低。

### 2. 密度

在大气压条件下，水的密度在 4 ℃时最大，$1 \times 10^3$ kg/m³。温度高于 4 ℃时，水的密度随温度升高而减小；在 0~4 ℃时，密度随温度的升高而增加。

水分子之间能通过氢键作用发生缔合现象。水分子的缔合作用是一种放热过程，温度降低，水分子之间的缔合程度增大。当温度 ≤0 ℃，水以固态的冰的形式存在时，水分子缔合在一起成为一个大的分子。冰晶体中，水分子中的氧原子周围有四个氢原子，水分子之间构成一个四面体状的骨架结构。冰的结构中有较大的空隙，所以冰的密度反比同温度的水小。

当冰从环境中吸收热量，融化生成水时，冰晶体中一部分氢键开始发生断裂，晶体结构崩溃，体积减小，密度增大。当温度进一步升高时，水分子间的氢键被进一步破坏，体积进而继续减小，使得密度增大；同时，温度的升高增加了水分子的动能，分子振动加剧，水具有体积增加而密度减小的趋势。在这两种因素的作用下，水的密度在 4 ℃时最大。

水的这种反常的膨胀性质对水生生物的生存发挥了重要的作用。因为寒冷的冬季，河面的温度可以降低到冰点或者更低，这是无法适合动植物生存的。当水结冰的时候，冰的密度小，浮在水面，4 ℃的水由于密度最大，而沉降到河底或者湖底，可以保护水下生物的生存。而当天暖的时候，冰在上面也是最先融化。

### 3. 高比热容、高汽化热

水的比热容为 $4.18 \times 10^3$ J/（kg·K），是常见液体和固体中最大的。水的汽化热也极高，在 2℃下为 $2.4 \times 10^3$ kJ/kg。正是由于这种高比热容、高汽化热的特性，地球上的海洋、湖泊、河流等水体白天吸收到达地表的太阳光热能，夜晚又将热能释放到大气中，避免了剧烈的温度变化，使地表温度长期保持在一个相对恒定的范围内。通常生产上使用水做传热介质，除了它分布广外，主要是利用水的高比热容的特性。

### 4. 高介电常数

水的介电常数在所有的液体中是最高的，可使大多数蛋白质、核酸和无机盐能够在其中溶解并发生最大限度的电离，这对营养物质的吸收和生物体内各种生化反应的进行具有重要意义。

5. 水的依数性

水的稀溶液中，由于溶质微粒数与水分子数的比值的变化，会导致水溶液的蒸汽压、凝固点、沸点和渗透压发生变化。

6. 透光性

水是无色透明的，太阳光中可见光和波长较长的紫外线部分可以透过，使水生植物光合作用所需的光能够到达水面以下的一定深度，而对生物体有害的短波远紫外线则几乎不能通过。这在地球上生命的产生和进化过程中起到了关键的作用，对生活在水中的各种生物具有至关重要的意义。

## （三）水的化学性质

### 1. 水的化学稳定性

在常温常压下，水是化学稳定的，很难分解产生氢气和氧气。在高温和催化剂存在的条件下，水会发生分解，同时电解也是水分解的一种常用方式。

水在直流电作用下，分解生成氢气和氧气，工业上用此法制纯氢和纯氧。

### 2. 水合作用

溶于水的离子和极性分子能够与水分子发生水合作用，相互结合，生成水合离子或者水合分子。这一过程属于放热过程。水合作用是物质溶于水时必然发生的一个化学过程，只是不同的物质水合作用方式和结果不同。

### 3. 水解反应

物质溶于水所形成的金属离子或者弱酸根离子能够与水发生水解反应，弱酸根离子发生水解反应，生成相应的共轭酸。

## 二、天然水的组成

天然水在形成和迁移的过程中与许多具有一定溶解性的物质相接触，由于溶解和交换作用，使得天然水体富含各种化学组分。天然水体所含有的物质主要包括无机离子、溶解性气体、微量元素、水生生物、有机物以及泥沙和黏土等。

## （一）天然水中的主要离子

重碳酸根离子和碳酸根离子在天然水体中的分布很广，几乎所有水体都有它的存在，主要来源于碳酸盐矿物的溶解，一般河水与湖水中超过 250 mg/L，在地下水中的含量略高。造成这种现象的原因在于在水中如果要保持大量的重碳酸根离子，则必须有大量的二氧化碳，而空气中二氧化碳的分压很小，二氧化碳很容易从水中溢出。

天然水中的氯离子是水体中常见的一种阴离子，主要来源于火成岩的风化产物和蒸发盐矿物。它在水中有广泛分布，在水中含量变化范围很大，一般河流和湖泊中含量很少，要用 mg/L 来表示。但随着水矿化度的增加，氯离子的含量也在增加，在海水以及部分盐湖中，氯离子含量达到每升十几克以上，而且成为其中主要阴离子。

硫酸根离子是天然水中重要的阴离子，主要来源于石膏的溶解、自然硫的氧化、硫化物的氧化，以及火山喷发产物、含硫植物及动物体的分解和氧化。硫酸根离子分布在各种水体中，河水中硫酸根离子含量在 0.8~199.0 mg/L 之间；大多数的淡水湖泊，其硫酸根离子含量比河水中含量高；在干旱地区的地表及地下水中，硫酸根离子的含量往往可达到每升几克；海水中硫酸根离子含量为 2~3 g/L，而在海洋的深部，由于还原作用，硫酸根离子有时甚至不存在。硫酸盐含量不高时，对人体健康几乎没有影响，但是当含量超过 250 mg/L 时，有致泻作用，同时高浓度的硫酸盐会使水有微苦涩味，因此，国家饮用水水质标准规定饮用水中的硫酸盐含量不超过 250 mg/L。

钙离子是大多数天然淡水的主要阳离子。钙广泛地分布于岩石中，沉积岩中方解石、石膏和萤石的溶解是钙离子的主要来源。河水中的钙离子含量一般为 20 mg/L 左右。镁离子主要来自白云岩以及其他岩石的风化产物的溶解，大多数天然水中镁离子的含量在 1~40 mg/L，一般很少有以镁离子为主要阳离子的天然水。通常在淡水中的阳离子以钙离子为主，在咸水中则以钠离子为主。水中的钙离子和镁离子的总量称为水体的总硬度。硬度的单位为度，硬度为 1 度的水体相当于含有 10 mg/L 的 CaO。

水体过软时，会引起或加剧身体骨骼的某些疾病，因此，水体中适当的钙含量是人类生活不可或缺的。但水体的硬度过高时，饮用会引起人体的肠胃不适，同时也不利于人们生活中的洗涤和烹饪；当高硬度水用于锅炉时，会在锅炉的内壁结成水垢，影响传热效率，严重时还会引起爆炸，所以高硬度水用于工业生产中应该进行必要的软化处理。

钠离子主要来自火成岩的风化产物，在天然水中的含量在 1~500 mg/L 范围内变化。含钠盐过高的水体用于灌溉时，会造成土壤的盐渍化，危害农作物的生长。同时，钠离子具有固定水分的作用，原发性高血压病人和浮肿病人要限制钠盐的摄取量。钾离子主要分布于酸性岩浆岩及石英岩中，在天然水中的含量要远低于钠离子。在大多数饮用水中，钾离子的含量一般小于 20 mg/L；而某些溶解性固体含量高的水和温泉中，钾离子的含量高达 100 mg/L。

## （二）溶解性气体

天然水体中的溶解性气体主要有氧气、二氧化碳、硫化氢等。

天然水中的溶解性氧气主要来自大气的复氧作用和水生植物的光合作用，溶解在水体中的分子氧称为溶解氧，溶解氧在天然水中起着非常重要的作用。水中动植物及微生物需要溶解氧来维持生命，溶解氧还是水体中发生氧化还原反应的主要氧化剂。此外水体中有机物的分解也是好氧微生物在溶解氧的参与下进行的。水体中的溶解氧是一项重要的水质参数，溶解氧的数值不仅受大气复氧速率和水生植物的光合速率影响，还受水体中微生物代谢有机污染物的速率影响。当水体中可降解的有机污染物浓度不是很高时，好氧细菌消耗溶解氧分解有机物，溶解氧的数值降低到一定程度后不再下降；而当水体中可降解的有机污染物较高，超出了水体自然净化的能力时，水体中的溶解氧可能会被耗尽，厌氧细菌的分解作用占主导地位，从而产生臭味。

天然水中的二氧化碳主要来自水生动植物的呼吸作用。从空气中获取的二氧化碳几乎只发生在海洋中，陆地上的水体很少从空气中获取二氧化碳，因为陆地水中的二氧化碳含量经常超过它与空气中二氧化碳保持平衡时的含量，水中的二氧化碳会溢出。河流和湖泊中二氧化碳的含量一般不超过 30 mg/L。

天然水中的硫化氢来自水体底层中各种生物残骸腐烂过程中含硫蛋白质的分解，水中的无机硫化物或硫酸盐在缺氧条件下，也可还原成硫化氢。一般来说，硫化氢位于水体的底层，当水体受到扰动时，硫化氢气体就会从水体中溢出。当水体中的硫化氢含量达到 10 mg/L 时，水体就会发出难闻的臭味。

## （三）微量元素

所谓微量元素是指在水中含量小于 0.1% 的元素。在这些微量元素中比较重要的有卤素（氟、溴、碘）、重金属（铜、锌、铅、钴、镍、钛、汞、镉）和放射性元素等。尽管微量元素的含量很低，但与人的生存和健康息息相关，对人的生命起至关重要的作用。它们的摄入过量、不足、不平衡或缺乏都会不同程度地引起人体生理的异常或发生疾病。

## （四）水生生物

天然水体中的水生生物种类繁多，有微生物、藻类以及水生高等植物、各种无脊椎动物和脊椎动物。水体中的微生物是包括细菌、病毒、真菌以及一些小型的原生动物、微藻类等在内的一大类生物群体，它个体微小，却与水体净化能力关系密切。微生物通过自身的代谢作用（异化作用和同化作用）使水中悬浮和溶解在水里的有机物污染物分解成简单、稳定的无机物二氧化碳。水体中的藻类和高级水生植物通过吸附、利用和浓缩作用去除或者降低水体中的重金属元素和水体中的氮、磷元素。生活在水中的较高级动物如鱼类，对水体的化学性质影响较小，但是水质对鱼类的生存影响却很大。

### （五）有机物

天然水体的有机物主要来源于水体和土壤中生物的分泌物和生物残体以及人类生产生活所产生的污水，包括碳水化合物、蛋白质、氨基酸、脂肪酸、色素、纤维素、腐殖质等。水中的可降解有机物的含量较高时，有机物的降解过程中会消耗大量的溶解氧，导致水体腐败变臭。当饮用水源有机物含量比较高时，会降低水处理工艺的处理效果，并且会增加消毒副产物的生成量。

# 第三节　水体污染与水质模型

## 一、天然水的污染及主要污染物

### （一）水体污染

水污染主要是由于人类排放的各种外源性物质进入水体后，而导致其化学、物理、生物或者放射性等方面特性的改变，超出了水体本身自净作用所能承受的范围，造成水质恶化的现象。

### （二）污染源

造成水体污染的因素是多方面的，如向水体排放未经妥善处理的城市污水和工业废水，施用化肥、农药及城市地面的污染物被水冲刷而进入水体，随大气扩散的有毒物质通过重力沉降或降水过程而进入水体等。

按照污染源的成因进行分类，可以分成自然污染源和人为污染源两类。自然污染源是因自然因素引起污染的，如某些特殊地质条件（特殊矿藏、地热等）、火山爆发等。由于现代人们还无法完全对许多自然现象实行强有力的控制，因此也难以控制自然污染源。人为污染源是指由于人类活动所形成的污染源，包括工业、农业和生活等所产生的污染源。人为污染源是可以控制的，但是不加控制的人为污染源对水体的污染远比自然污染源所引起的水体污染程度严重。人为污染源产生的污染频率高，污染的数量大，污染的种类多，污染的危害深，是造成水环境污染的主要因素。

按污染源的存在形态进行分类，可以分为点源污染和面源污染。点源污染是以点状形式排放而使水体造成污染，如工业生产水和城市生活污水。它的特点是排污经常，污染物量多且成分复杂，依据工业生产废水和城市生活污水的排放规律，具有季节性和随机性，它的量可以直接测定或者定量化，其影响可以直接评价。而面源污染则是以面积形式分布和排放污染物而造成水体污染，如城市地面、农田、林田等。面源污染的排放是以扩散方式进行的，时断时续，并与气象因素有联系，其排放量不易调查清楚。

## （三）天然水体的主要污染物

天然水体中的污染物质成分极为复杂，从化学角度分为四大类：

①无机无毒物：酸、碱、一般无机盐、氮、磷等植物营养物质。

②无机有毒物：重金属、砷、氰化物、氟化物等。

③有机无毒物：碳水化合物、脂肪、蛋白质等。

④有机有毒物：苯酚、多环芳烃、PCB、有机氯农药等。

水体中的污染物从环境科学角度可以分为耗氧有机物、重金属、植物营养物质、有毒有机污染物、酸碱及一般无机盐类、病原微生物、放射性物质、热污染等。

### 1. 耗氧有机物

生活污水、牲畜饲料及污水和造纸、制革、奶制品等工业废水中含有大量的碳水化合物、蛋白质、脂肪、木质素等有机物，它们属于无毒有机物。但是如果不经处理直接排入自然水体中，经过微生物的生化作用，最终分解为二氧化碳和水等简单的无机物。在有机物的微生物降解过程中，会消耗大量水体中的溶解氧，水中溶解氧浓度下降。当水中的溶解氧被耗尽时，会导致水体中的鱼类及其他需氧生物因缺氧而死亡，同时在水中厌氧微生物的作用下，会产生有害的物质如甲烷、氨和硫化氢等，使水体发臭变黑。

一般采用下面几个参数来表示有机物的相对浓度：

生物化学需氧量（BOD）：指水中有机物经微生物分解所需的氧量，用 BOD 来表示，其测定结果用氧的毫克/升（$O_2$，mg/L）表示。因为微生物的活动与温度有关，一般以 20 ℃为测定的标准温度。当温度为 20 ℃时，一般生活污水的有机物需要 20 天左右才能基本完成氧化分解过程，但这在实际工作中是有困难的，通常都以 5 天作为测定生化需氧量的标准时间，简称 5 日生化需氧量，用 BOD 来表示。

化学需氧量（COD）：指用化学氧化剂氧化水中的还原性物质，消耗的氧化剂折换成氧当量（mg/L），用 COD 表示。COD 越高，表示污水中还原性有机物越多。

总需氧量（TOD）：指在高温下燃烧有机物所耗去的氧量（mg/L），用 TOD 表示，一般用仪器测定，可在几分钟内完成。

总有机碳（TOC）：用 TOC 表示。通常是将水样在高温下燃烧，使有机碳氧化成 $CO_2$，然后测量所产生的 $CO_2$ 的量，进而计算污水中有机碳的数量。一般也用仪器测定，速度很快。

### 2. 重金属污染物

矿石与水体的相互作用以及采矿、冶炼、电镀等工业废水的泄漏会使得水体中有一定量的重金属物质，如汞、铅、铜、锌等。这些重金属物质在水中达到很低的浓度便会产生危害，这是由于它们在水体中不能被微生物降解，而只能发生各种形态的相互转化和迁移。重金属物质除被悬浮物带走外，会由于沉淀作用和吸附作用而富集于水体的底泥中，成为长期的次生污染源；同时，水中氯离子、硫酸根离子、氢氧离子、腐殖质等无机和有机物会与其生成络合物或整合物，导致重金属有更大的水溶解度而从底泥中重新释放出来。人类如果长期饮用重金属污染的水、农作物、鱼类、贝类，有害重金属为人体所摄取，积累于体内，会对身体健康产生不良影响，致病甚至危害生命。例如，金属汞中毒所引起的水俣病。1956 年，日本一家氮肥公司排放的废水中含有汞，这些废水排入海湾后经过生物的转化，形成甲基汞，经过海水底泥和鱼类的富集，又经过食物链使人中毒，人中毒后产生发疯痉挛症状。人长期饮用被镉污染的河水或者食用含镉河水浇灌生产的稻谷，就会得"骨痛病"。病人骨骼严重畸形、剧痛，身长缩短，骨脆易折。

### 3. 植物营养物质

营养性污染物是指水体中含有的可被水体中微型藻类吸收利用并可能造成水体中藻类大量繁殖的植物营养元素，通常是指含有氮元素和磷元素的化合物。

### 4. 有毒有机污染物

有毒有机污染物指酚、多环芳烃和各种人工合成的并具有积累性生物毒性的物质，如多氯农药、有机氯化物等持久性有机毒物，以及石油类污染物质等。

### 5. 酸碱及一般无机盐类

这类污染物主要是使水体 pH 值发生变化，抑制细菌及微生物的生长，降低水体自净能力。同时，增加水中无机盐类和水的硬度，给工业和生活用水带来不利因素，也会引起土壤盐渍化。

酸性物质主要来自酸雨和工厂酸洗水、硫酸、黏胶纤维、酸法造纸厂等产生的酸性工业废水。碱性物质主要来自造纸、化纤、炼油、皮革等工业废水。酸碱污染不仅可腐蚀船舶和水上构筑物，而且改变水生生物的生活条件，影响水的用途，增加工业用水处理费用等。含盐的水在公共用水及配水管留下水垢，增加水流的阻力和降低水管的过水能力。硬水将影响纺织工业的染色、啤酒酿造及食品罐头产品的质量。碳酸盐硬度容易产生锅垢，因而降低锅炉效率。酸性和碱性物质会影响水处理过程中絮体的形成，降低水处理效果。长期灌溉 pH>9 的水，会使蔬菜死亡。可见水体中的酸性、碱性以及盐类含量过高会给人类的生产和生活带来危害。但水体中盐类是人体不可缺少的成分，对于维持细胞的渗透压和调节人体的活动起到重要意义，同时适量的盐类亦会改善水体的口感。

### 6. 病原微生物污染物

病原微生物污染物主要是指病毒、病菌、寄生虫等，主要来源于制革厂、生物制品厂、洗毛厂、屠宰场、医疗单位及城市生活污水等。危害主要表现为传播疾病：病菌可引起痢疾、伤寒、霍乱等；病毒可引起病毒性肝炎、小儿麻痹等；寄生虫可引起血吸虫病、钩端螺旋体病等。

### 7. 放射性污染物

放射性污染物是指由于人类活动排放的放射性物质。随着核能、核素在诸多领域中的应用，放射性废物的排放量在不断增加，已对环境和人类构成严重威胁。

自然界中本身就存在着微量的放射性物质。天然放射性核素分为两大类：一类由宇宙射线的粒子与大气中的物质相互作用产生；另一类是地球在形成过程中存在的核素及其衰变产物，如 238U（铀）、40K（钾）等。天然放射性物质在自然界中分布很广，存在于矿石、土壤、天然水、大气及动植物所有组织中。目前已经确定并已做出鉴定的天然放射性物质已超过 40 种。一般认为，天然放射性本底基本上不会影响人体和动物的健康。

人为放射性物质主要来源于核试验、核爆炸的沉降物，核工业放射性核素废物的排放，医疗、机械、科研等单位在应用放射性同位素时排放的含放射性物质的粉尘、废水和废弃物，以及意外事故造成的环境污染等。人们对于放射性的危害既熟悉又陌生，它通常是与威力无比的原子弹、氢弹的爆炸关联在一起的，随着全世界和平利用核能呼声的高涨，核武器的禁止使用，核试验已大大减少，人们似乎已经远离放射性危害。然而近年来，随着放射性同位素及射线装置在工农业、医疗、科研等各个领域的广泛应用，放射线危害的可能性却在增大。

环境放射性污染物通过牧草、饲草和饮水等途径进入家禽体内，并蓄积于组织器官中。放射性物质能够直接或者间接地破坏机体内某些大分子如脱氧核糖核酸、核糖核酸蛋白质分子及一些重要的酶结构，结果使这些分子的共价键断裂，也可能将它们打成碎片。

放射性物质辐射还能够产生远期的危害效应，包括辐射致癌、白血病、白内障、寿命缩短等方面的损害以及遗传效应等。

### 8. 热污染

水体热污染主要来源于工矿企业向江河排放的冷却水，其中以电力工业为主，其次是冶金、化工、石油、造纸、建材和机械等工业。它主要的影响是：使水体中溶解氧减少，提高某些有毒物质的毒性，抑制鱼类的繁殖，破坏水生态环境进而引起水质恶化。

## 二、水体自净

污染物随污水排入水体后，经过物理、化学与生物的作用，使污染物的浓度降低，受污染的水体部分或完全恢复到受污染前的状态，这种现象称为水体自净。

### （一）水体自净作用

水体自净过程非常复杂，按其机理可分为物理净化作用、化学净化作用和生物净化作用。水体的自净过程是三种净化过程的综合，其中以生物净化过程为主。水体的地形和水文条件、水中微生物的种类和数量、水温和溶解氧的浓度、污染物的性质和浓度都会影响水体自净过程。

#### 1. 物理净化作用

水体中的污染物质由于稀释、扩散、挥发、沉淀等物理作用而使水体污染物质浓度降低的过程，其中稀释作用是一项重要的物理净化过程。

#### 2. 化学净化作用

水体中污染物通过氧化、还原、吸附、酸碱中和等反应而使其浓度降低的过程。

#### 3. 生物净化作用

由于水生生物的活动，特别是微生物对有机物的代谢作用，使得污染物浓度降低的过程。

影响水体自净能力的主要因素有污染物的种类和浓度、溶解氧、水温、流速、流量、水生生物等。当排放至水体中的污染物浓度不高时，水体能够通过水体自净功能使水体的水质部分或者完全恢复到受污染前的状态。

但是当排入水体的污染物的量很大时，在没有外界干涉的情况下，有机物的分解会造成水体严重缺氧，形成厌氧条件，在有机物的厌氧分解过程中会产生硫化氢等有毒臭气。水中溶解氧是维持水生生物生存和净化能力的基本条件，往往也是衡量水体自净能力的主要指标。水温影响水中饱和溶解氧浓度和污染物的降解速率。水体的流量、流速等水文水力学条件，直接影响水体的稀释、扩散能力和水体复氧能力。水体中的生物种类和数量与水体自净能力关系密切，同时也反映了水体污染自净的程度和变化趋势。

### （二）水环境容量

水环境容量指在不影响水的正常用途的情况下，水体所能容纳污染物的最大负荷量，因此又称为水体负荷量或纳污能力。水环境容量是制定地方性、专业性水域排放标准的依据之一，环境管理部门还利用它确定在固定水域到底允许排入多少污染物。水环境容量由两部分组成，一是稀释容量也称差值容量，二是自净容量也称同化容量。稀释容量是由于水的稀释作用所致，水量起决定作用。自净容量是水的各种自净作用综合的去污容量。对于水环境容量，水体的运动特性和污染物的排放方式起决定作用。

## 三、水质模型的发展

水质模型是根据物理守恒原理，用数学的语言和方法描述参加水循环的水体中水质组分所发生的物理、化学、生物化学和生态学诸方面的变化、内在规律和相互关系的数学模型。它是水环境污染治理、规划决策分析的重要工具。对现有模型的研究是改良其功效、设计新型模型所必须的，为水环境规划治理提供更科学更有效决策的基础，是设计出更完善更能适应复杂水环境预测评价模型的依据。

自 1925 年建立的第一个研究水体 BOD-DO 变化规律的 Streeter-Phelps 水质模型以来，水质模型的研究内容与方法不断改进与完善。在对水体的研究上，从河流、河口到湖泊水库、海湾；在数学模型空间分布特性上，从零维、一维发展到二维、三维；在水质模型的数学特性上，由确定性发展为随机模型；在水质指标上，从比较简单的生物需氧量和溶解氧两个指标发展到复杂多指标模型。

其发展历程可以分为以下三个阶段：

第一阶段（20 世纪 20 年代中期至 70 年代初期）：该阶段是地表水质模型发展的初级阶段，该阶段模型是简单的氧平衡模型，主要集中于对氧平衡的研究，也涉及一些非耗氧物质，属于一种维稳态模型。

第二阶段（20 世纪 70 年代初期至 80 年代中期）：该阶段是地表水质模型的迅速发展阶段，随着对污染水环境行为的深入研究，传统的氧平衡模型已不能满足实际工作的需要，描述同一个污染物由于在水体中存在状态和化学行为的不同而表现出完全不同的环境行为和生态效应的形态模型出现。由于复杂物理、化学和生物过程，释放到环境中的污染物在大气、水、土壤和植被等许多环境介质中进行分配，由污染物引起的可能的环境影响与它们在各种环境单元中的浓度水平和停留时间密切相关，为了综合描述它们之间的相互关系，产生了多介质环境综合生态模型，同时由一维稳态模型发展到多维动态模型，接近实际。

第三阶段（20世纪80年代中期至今）：该阶段是水质模型研究的深化、应用阶段，科学家的注意力主要集中在改善模型的可靠性和评价能力的研究。它的主要特点是考虑水质模型与面源模型的对接，并采用多种新技术方法，如随机数学、模糊数学、人工神经网络、专家系统等。

# 四、水质模型的分类

自第一个水质数学模型 Streeter-Phelps 应用于环境问题的研究以来，已经历了70多年。科学家已研究了各种类型的水体并提出了许多类型的水质模型，用于河流、河口、水库以及湖泊的水质预报和管理。根据其用途、性质以及系统工程的观点，大致有以下几种分类：

## 1. 根据水体类型分类

以管理和规划为目的，水质模型可分为三类，即河流的、河口的（包括潮汐的和非潮汐的）和湖泊（水库）的水质模型。河流的水质模型比较成熟，研究得亦比较深，而且能较真实地描述水质行为，所以用得比较普遍。

## 2. 根据水质组分分类

根据水质组分划分，水质模型可以分为单一组分的、耦合的和多重组分的三类。其中 BOD-DO 耦合水质模型是能够比较成功地描述受有机物污染的河流的水质变化。多重组分水质模型比较复杂，它考虑的水质因素比较多，如综合的水生生态模型。

## 3. 根据系统工程观点分类

从系统工程的观点，可以分为稳态和非稳态水质模型。这两类水质模型的不同之处在于水力学条件和排放条件是否随时间变化。不随时间变化的为稳态水质模型，反之为非稳态水质模型。对于这两类模型，科学研究工作者主要研究河流水质模型的边界条件，即在什么条件下水质处于较好的状态。稳态水质模型可用于模拟水质的物理、化学、生物和水力学的过程，而非稳态模型可用于计算径流、暴雨等过程，即描述水质的瞬时变化。

## 4. 根据所描述数学方程的解分类

根据所描述的数学方程的解，水质模型有准理论模型和随机水质模型。以宏观的角度来看，准理论模型用于研究湖泊、河流以及河口的水质，这些模型考虑了系统内部的物理、化学、生物过程及流体边界的物质和能域的交换。随机模型来描述河流中物质的行为是非常困难的，因为河流水体中各种变量必须根据可能的分布，而不是它们的平均值或期望值来确定。

### 5. 根据反应动力学性质分类

根据反应动力学性质，水质模型分为纯化反应模型、迁移和反应动力学模型、生态模型，其中生态模型是一个综合的模型。它不仅包括化学、生物的过程，而且包括水质迁移以及各种水质因素的变化过程。

### 6. 根据模型性质分类

根据模型的性质，可以分为黑箱模型、白箱模型和灰箱模型。黑箱模型由系统的输入直接计算出输出，对污染物在水体中的变化一无所知；白箱模型对系统的过程和变化机制有完全透彻的了解；灰箱模型介于黑箱与白箱之间，目前所建立的水质数学模型基本上都属于灰箱模型。

## 五、水质模型的应用

水质模型之所以受到科学工作者的高度重视，除了其应用范围广外，还因为在某些情况下它起着重要作用。例如，新建一个工业区，为了评估它产生的污水对受纳水体所产生的影响，用水质模型来进行评价就至关重要，以下将对水质模型的应用进行简要评述。

### 1. 污染物水环境行为的模拟和预测

污染物进入水环境后，由于物理、化学和生物作用的综合效应，其行为的变化是十分复杂的，很难直接认识它们。这就需要用水质模型（水环境数学模型）对污染物水环境的行为进行模拟和预测，以便给出全面而清晰的变化规律及发展趋势。用模型的方法进行模拟和预测，既经济又省时，是水环境质量管理科学决策的有效手段。但由于模型本身的局限性，以及对污染物水环境行为认识的不确定性，计算结果与实际测量之间往往有较大的误差，所以模型的模拟和预测只是给出了相对变化值及其趋势。对于这一点，水质管理决策者们应特别注意。

### 2. 水质管理规划

水质规划是环境工程与系统工程相结合的产物，它的核心部分是水环境数学模型。确定允许排放量等水质规划，常用的是氧平衡类型的数学模型。求解污染物去除率的最佳组合，关键是目标函数的线性化。而流域的水质规划是区域范围的水资源管理，是一个动态过程，必须考虑三个方面的问题：首先，水资源利用利益之间的矛盾；其次，水文随机现象使天然系统动态行为（生活、工业、灌溉、废水处置、自然保护）预测的复杂化；最后，技术、社会和经济的约束。为了解决这些问题，可将一般水环境数学模型与最优化模型相结合，形成所谓的水质管理模型。目前，水质管理模型已有很成功的应用。

### 3. 水质评价

水质评价是水质规划的基本程序。根据不同的目标，水质模型可用来对河流、湖泊（水库）、河口、海洋和地下水等水环境的质量进行评价。现在的水质评价不仅给出水体对各种不同使用功能的质量，而且还会给出水环境对污染物的同化能力以及污染物在水环境浓度和总量的时空分布。水污染评价已由点源污染转向非点源污染，这就需要用农业非点源污染评价模型来评价水环境中营养物质和沉积物以及其他污染物。如利用贝叶斯概念（Bayesian Concepts）和组合神经网络来预测集水流域的径流量，研究的对象也由过去的污染物扩展到现在的有害物质在水环境的积累、迁移和归宿。

### 4. 污染物对水环境及人体的暴露分析

由于许多复杂的物理、化学和生物作用以及迁移过程，在多介质环境中运动的污染物会对人体或其他受体产生潜在的毒性暴露，因此出现了用水质模型进行污染物对水环境即人体的暴露分析。目前已有许多学者对此展开研究，但许多研究都是在实验室条件下的模拟，研究对象也比较单一，并且范围也不广泛，如何建立经济有效的针对多种生物体的综合的暴露分析模型，还有待环境科学工作者们去探索。

### 5. 水质监测网络的设计

水质监测数据是进行水环境研究和科学管理的基础，对于一条河流或一个水系，准确的监测网站设置的原则应当是：在最低限量监测断面和采样点的前提下获得最大限度的具有代表性的水环境质量信息，既经济又合理、省时。对于河流或水系的取样点的最新研究，采用了地理信息系统和模拟的退火算法等来优化选择河流采样点。

# 第四节　水环境标准及水质检测

## 一、水环境标准

### （一）水质指标

各种天然水体是工业、农业和生活用水的水源。作为一种资源来说，水质、水量和水能是度量水资源可利用价值的三个重要指标，其中与水环境污染密切相关的则是水质指标。在水的社会循环中，天然水体作为人类生产、生活用水的水源，要经过一系列的净化处理，满足人类生产、生活用水的相应的水质标准；当水体作为人类社会产生的污水的受纳水体时，为降低对天然水体的污染，排放的污水都须进行相应的处理，使水质指标达到排放标准。

水质指标是指水中除去水分子外所含杂质的种类和数量，它是描述水质状况的一系列指标，可分为物理指标、化学指标、生物指标和放射性指标。有些指标用某一物质的浓度来表示，如溶解氧、铁等；而有些指标则是根据某一类物质的共同特性来间接反映其含量，称为综合指标，如化学需氧量、总需氧量、硬度等。

## 1. 物理指标

（1）水温

水的物理化学性质与水温密切相关。水中的溶解性气体（如氧、二氧化碳等）的溶解度、水中生物和微生物的活动，非离子态、盐度、pH 值以及碳酸钙饱和度等都受水温变化的影响。

温度为现场监测项目之一，常用的测量仪器有水温计和颠倒温度计，前者用于地表水、污水等浅层水温的测量，后者用于湖、水库、海洋等深层水温的测量。此外，还有热敏电阻温度计等。

（2）臭

臭是一种感官性指标，是检验原水和处理水质的必测指标之一，可借以判断某些杂质或者有害成分是否存在。水体产生臭的一些有机物和无机物，主要是由于生活污水和工业废水的污染物和天然物质的分解或细菌活动的结果。某些物质的浓度只要达到每升零点几微克时即可察觉。然而，很难鉴定臭物质的组成。

臭一般是依靠检查人员的嗅觉进行检测，目前尚无标准单位。臭阈值是指用无臭水将水样稀释至可闻出最低可辨别臭气的浓度时的稀释倍数，如水样最低取 25 mL 稀释至 200 mL 时，可闻到臭气，其臭阈值为 8。

（3）色度

色度是反映水体外观的指标。纯水为无色透明，天然水中存在腐殖酸、泥土、浮游植物、铁和锰等金属离子能够使水体呈现一定的颜色。纺织、印染、造纸、食品、有机合成等工业废水中，常含有大量的染料、生物色素和有色悬浮微粒等，通常是环境水体颜色的主要来源，有色废水排入环境水体后，使天然水体着色，降低水体的透光性，影响水生生物的生长。水的颜色定义为改变透射可见光光谱组成的光学性质。水中呈色的物质可处于悬浮态、胶体和溶解态，水体的颜色可以用真色和表色来描述。真色是指水体中悬浮物质完全移去后水体所呈现的颜色。水质分析中所表示的颜色是指水的真色，即水的色度是对水的真色进行测定的一项水质指标。

表色是指去除悬浮物质时水体所呈现的颜色，包括悬浮态、胶体和溶解态物质所产生的颜色，只能用文字定性描述，如工业废水或受污染的地表水呈现黄色、灰色等，并以稀释倍数法测定颜色的强度。

我国生活饮用水的水质标准规定色度小于 15 度，工业用水对水的色度要求更严格，如染色用水色度小于 5 度，纺织用水色度小于 10~12 度等。水的颜色的测定方法有铂钴标准比色法、稀释倍数法、分光光度法。水的颜色受 pH 值的影响，因此测定时要注明水样的 pH 值。

（4）浊度

浊度是表现水中悬浮性物质和胶体对光线透过时所发生的阻碍程度，是天然水和饮用水的一个重要水质指标。浊度是由于水含有泥土、粉砂、有机物、无机物、浮游生物和其他微生物等悬浮物和胶体物质所造成的。我国饮用水标准规定浊度不超过 1 度，特殊情况不超过 3 度。测定浊度的方法有分光光度法、目视比浊法、浊度计法。

（5）残渣

残渣分为总残渣（总固体）、可滤残渣（溶解性总固体）和不可滤残渣（悬浮物）三种。

它们是表征水中溶解性物质、不溶性物质含量的指标。

残渣在许多方面对水和排出水的水质有不利影响。残渣高的水不适于饮用，高矿化度的水对许多工业用水也不适用。含有大量不可滤残渣的水，外观上也不能满足洗浴等使用。

残渣采用重量法测定，适用于饮用水、地面水、盐水、生活污水和工业废水的测定。

总残渣是将混合均匀的水样，在称至恒重的蒸发皿中置于水浴上，蒸干并于 103~105 ℃ 烘干至恒重的残留物质，它是可滤残渣和不可滤残渣的总和。可滤残渣（可溶性固体）指过滤后的滤液于蒸发皿中蒸发，并在 103~105 ℃ 或 180±2 ℃ 烘干至恒重的固体，包括 103~105 ℃ 烘干的可滤残渣和 180±2 ℃ 烘干的可滤残渣两种。不可滤残渣又称悬浮物，不可滤残渣含量一般可表示废水污染的程度。将充分混合均匀的水样过滤后，截留在标准玻璃纤维滤膜（0.45 mm）上的物质，在 103~105 ℃ 烘干至恒重。如果悬浮物堵塞滤膜并难于过滤，不可滤残渣可由总残渣与可滤残渣之差计算。

（6）电导率

电导率是表示水溶液传导电流的能力。因为电导率与溶液中离子含量大致呈比例的变化，电导率的测定可以间接地推测离解物总浓度。电导率用电导率仪测定，通常用于检验蒸馏水、去离子水或高纯水的纯度，监测水质受污染情况以及用于锅炉水和纯水制备中的自动控制等。

2. 化学指标

（1）pH值

pH值是水体中氢离子活度的负对数。pH值是最常用的水质指标之一。

由于pH值受水温影响而变化，测定时应在规定的温度下进行，或者校正温度。通常采用玻璃电极法和比色法测定pH值。天然水的pH值多在6~9范围内，这也是我国污水排放标准中的pH值控制范围。饮用水的pH值规定在6.5~8.5范围内，锅炉用水的pH值要求大于7。

（2）酸度和碱度

酸度和碱度是水质综合性特征指标之一，水中酸度和碱度的测定在评价水环境中污染物质的迁移转化规律和研究水体的缓冲容量等方面有重要的意义。

水体的酸度是水中给出质子物质的总量，水的碱度是水中接受质子物质的总量。只有当水样中的化学成分已知时，它才被解释为具体的物质。

酸度和碱度均采用酸碱指示剂滴定法或电位滴定法测定。

地表水中由于溶入二氧化碳或由于机械、选矿、电镀、农药、印染、化工等行业排放的含酸废水的进入，致使水体的pH值降低。由于酸的腐蚀性，破坏了鱼类及其他水生生物和农作物的正常生存条件，造成鱼类及农作物等死亡。含酸废水可腐蚀管道，破坏建筑物。因此，酸度是衡量水体变化的一项重要指标。

水体碱度的来源较多，地表水的碱度主要由碳酸盐和重碳酸盐以及氢氧化物组成，所以总碱度被当作这些成分浓度的总和。当中含有硼酸盐、磷酸盐或硅酸盐等时，则总碱度的测定值也包含它们所起的作用。废水及其他复杂体系的水体中，还含有有机碱类、金属水解性盐等，均为碱度组成部分。有些情况下，碱度就成为一种水体的综合性指标，代表能被强酸滴定物质的总和。

## （二）水质标准

水质标准是由国家或地方政府对水中污染物或其他物质的最大容许浓度或最小容许浓度所做的规定，是对各种水质指标做出的定量规范。水质标准实际上是水的物理、化学和生物学的质量标准，为保障人类健康的最基本卫生分为水环境质量标准、污水排放标准、饮用水水质标准、农业用水与渔业用水等。

### 1. 水环境质量标准

水环境质量标准，也称水质量标准，是指为保护人体健康和水的正常使用而对水体中污染物或其他物质的最高容许浓度所做的规定。按照水体类型，可分为地面水环境质量标准、地下水环境质量标准和海水环境质量标准；按照水资源的用途，可分为生活饮用水水质标准、渔业用水水质标准、农业用水水质标准、娱乐用水水质标准、各种工业用水水质标准等；按照制定的权限，可分为国家水环境质量标准和地方水环境质量标准。

《地表水环境质量标准》（GB 3838-2002）将标准项目分为地表水环境质量标准项目、集中式生活饮用水地表水源地补充项目和集中式生活饮用水地表水源地特定项目。地表水环境质量标准基本项目适用于全国江河、湖泊、运河、渠道、水库等具有使用功能的地表水水域；集中式生活饮用水地表水源地补充项目和特定项目适用于集中式生活饮用水地表水源地一级保护区和二级保护区。《地表水环境质量标准》（GB 3838-2002）依据地表水水域环境功能和保护目标，按功能高低依次划分为五类。

Ⅰ类：主要适用于源头水、国家自然保护区。

Ⅱ类：主要适用于集中式生活饮用水地表水源地一级保护区、珍稀水生生物栖息地、鱼虾类产场、仔稚幼鱼的索饵场等。

Ⅲ类：主要适用于集中式生活饮用水地表水源地二级保护区、鱼虾类越冬场、水产养殖区等渔业水域及游泳区。

Ⅳ类：主要适用于一般工业用水区及人体非直接接触的娱乐用水区。

Ⅴ类：主要适用于农业用水区及一般景观要求水域。

对应地表水，上述五类水域功能，将地表水环境质量标准基本项目标准值分为五类，不同功能类别分别执行相应类别的标准值。水域功能类别高的标准值严于水域功能类别低的标准值。同一水域兼有多类使用功能的，执行最高功能类别对应的标准值。

### 2. 污水排放标准

《城镇污水处理厂污染物排放标准》（GB 18918-2002）规定了城镇污水处理厂出水废气排放和污泥处置（控制）的污染物限值，适用于城镇污水处理厂出水、废气排放和污泥处置（控制）的管理。该标准根据污染物的来源及性质，将污染物控制项目分为基本控制项目和选择控制项目两类。根据城镇污水处理厂排入地表水域环境功能和保护目标，以及污水处理厂的处理工艺，将基本控制项目的常规污染物标准值分为一级标准、二级标准、三级标准。一级标准分为 A 标准和 B 标准。一类重金属污染物和选择控制项目不分级。

### 3. 生活饮用水水质标准

《生活饮用水卫生标准》（GB 5749-2002）规定了生活饮用水水质卫生要求、生活饮用水水源水质卫生要求、集中式供水单位卫生要求、二次供水卫生要求，涉及生活饮用水卫生安全产品卫生要求、水质监测和水质检验方法。

该标准主要从以下几方面考虑保证饮用水的水质安全：生活饮用水中不得含有病原微生物；饮用水中化学物质不得危害人体健康；饮用水中放射性物质不得危害人体健康；饮用水的感官性状良好；饮用水应经消毒处理；水质应该符合生活饮用水水质常规指标及非常规指标的卫生要求。该标准项目共计 106 项，其中感官性状指标和一般化学指标 20 项，饮用水消毒剂 4 项，毒理学指标 74 项，微生物指标 6 项，放射性指标 2 项。

### 4. 农业用水与渔业用水

农业用水主要是灌溉用水，要求在农田灌溉后，水中各种盐类被植物吸收后，不会因食用中毒或引起其他影响，并且其含盐量不得过多，否则会导致土壤盐碱化。渔业用水除保证鱼类的正常生存、繁殖以外，还要防止有毒有害物质通过食物链在水体内积累、转化而导致食用者中毒。

《农田灌溉水质标准》（GB 5084-2021）适用于以地表水、地下水和处理后的养殖业废水以及农产品为原料加工的工业废水作为水源的农田灌溉用水。

《渔业水质标准》（GB 11607-1989）适用于鱼虾类的产卵场、索饵场、越冬场和水产增养殖区等海、淡水的渔业水域。

## （三）水资源可持续开发利用的理念

现代意义的水资源开发利用还与可持续发展紧密相连，当代水资源开发利用已涉及社会和环境问题，其内容、意义、目标比以往的水利水电工程研究的范围更为广泛。走可持续发展道路必然要求对水资源进行统一的管理和可持续的开发利用。

水资源可持续利用的理念，就是为保证人类社会、经济和生存环境可持续发展对水资源实行永续利用的原则，可持续发展的观点是 20 世纪 80 年代在寻求解决环境与发展矛盾的出路中提出的，并在可再生的自然资源领域相应提出可持续利用问题，其基本思路是在自然资源的开发中，注意因开发所致的不利于环境的副作用和预期取得的社会效益相平衡。在水资源的开发与利用中，为保持这种平衡就应遵守供饮用的水源和土地生产力得到保护的原则，保护生物多样性不受干扰或生态系统平衡发展的原则，对可更新的淡水资源不可过量开发使用和污染的原则。因此，在水资源的开发利用中，绝对不能损害地球上的生命保障系统和生态系统，必须保证为社会和经济可持续发展合理供应所需的水资源，满足各行各业用水要求并持续供水。此外，水在自然界循环过程中会受到干扰，应注意研究对策，使这种干扰不致影响水资源可持续利用。

为适应水资源可持续利用的原则，在进行水资源规划和水工程设计时应使建立的工程系统体现如下特点：天然水源不因其被开发利用而造成水源逐渐衰竭；水工程系统能较持久地保持其设计功能，因自然老化导致的功能减退能有后续的补救措施；对某范围内水供需问题能随工程供水能力的增加及合理用水、需水管理、节水措施的配合，使其能较长期地保持相互协调的状态；因供水及相应水量的增加而致废污水排放量的增加，须相应增加处理废污水能力的工程措施，以维持水源的可持续利用效能。

水资源可持续利用的思想和战略是"整体—综合—优化"思想的进一步发展和提高，研究的系统更大、更复杂，牵涉的学科也更加广泛。

## （四）系统的概念

### 1. 系统的定义

所谓系统，就是由相互作用和相互联系的若干个组成部分结合而成的具有特定功能的整体。

例如，水资源系统是流域或地区范围内在水文、水力和水利上相互联系的水体（河流、湖泊、水库、地下水等）、有关水工建筑物（大坝、堤防、泵站、输水渠道等）及用水部门（工农业生产、居民生活、生态环境、发电、航运等）所构成的综合体。

系统是普遍存在的，在宇宙间，从基本粒子到河外星系，从人类社会到人的思维，从无机界到有机界，从自然科学到社会科学，系统无所不在。

### 2. 系统的特征

我们可以从以下几个方面理解系统的概念：

（1）系统由相互联系、相互影响的部件所组成

系统的部件可能是一些个体、元件、零件，也可能其本身就是一个系统（或称之为子系统），如水系、水库、大坝、溢洪道、水电机组、堤防、下游保护区、蓄滞洪区等组成了流域防洪发电系统，而水电机组又是流域防洪发电系统的一个子系统。

（2）系统具有一定的结构

一个系统是其构成要素的集合，这些要素相互联系、相互制约，系统内部各要素之间相对稳定的联系方式、组织秩序及失控关系的内在表现形式，就是系统的结构。例如，水电机组是由压力钢管、水轮机、发电机、调速器等部件按一定的方式装配而成的，但压力钢管、水轮机、发电机、调速器等部件随意放在一起却不能构成水电机组；人体由各个器

官组成，各单个器官简单拼凑在一起不能成为一个有行为能力的人。

（3）系统具有一定的功能，或者说系统要有一定的目的性

系统的功能是指系统在与外部环境相互联系和相互作用中表现出来的性质、能力和功能。例如，流域防洪发电系统的功能，一方面是对洪水进行调节和安排，使洪灾损失最小；另一方面是充分利用水能发电，使发电效益最佳。

（4）系统具有一定的界限

系统的界限把系统从所处的环境中分离出来，系统通过该界限可以与外界环境发生能量、信息和物质等的交流。

### 3. 构成系统的要素

任何一个存在的系统都必须具备三个要素，即系统的诸部件及其属性、系统的环境及其界限、系统的输入和输出。

（1）系统的部件及其属性

系统的部件可以分为结构部件、操作部件和流部件。结构部件是相对固定的部分。操作部件是执行过程处理的部分。流部件是作为物质流、能量流和信息流的交换用的部分，交换的能力受到结构部件和操作部件等条件的限制。

结构部件、操作部件和流部件都有不同的属性，同时又相互影响。它们的组合结构从整体上影响着系统的特征和行为。例如，电阻、电感、电容等电子元件以及电源、导线、开关等部件的连接或组合，就形成了电路系统的属性。

系统是由许多部件组成的，当系统中的某个部件本身也是一个系统时，就可以称此部件为该系统的子系统。子系统的定义与上述一般系统的定义类似。例如，水资源系统是由水体、有关水工建筑物及用水部门等部件组成的，而这些部件本身又可各自成为一个独立的系统。因此，可以把水体系统（河流、湖泊、水库、地下水等）、水工程系统（大坝、堤防、泵站、输水渠道等）、用水系统（工农业生产、居民生活、生态环境、发电、航运等）都称为水资源系统的子系统。

（2）系统的环境及其界限

所有系统都是在一定的外界条件下运行的，系统既受环境的影响，同时也对环境施加影响。

对于物质系统来说，划分系统与环境的界限很自然地可以由基本系统结构及系统的目标来有形地确定，例如，水库防洪系统，对于防洪预案的决策者来说，主要的任务是针对典型洪水或设计洪水分析水库的调洪方案，生成防洪预案，于是就圈定该决策分析系统（水库防洪预案分析系统）的系统界限为水库大坝至下游防洪控制断面，但是对于实时防

洪调度的决策者来说，入库洪水和区间洪水过程是通过流域面上的实时降雨信息预报而得。在这种情况下，水库防洪决策分析系统的界限为水库上游流域、水库大坝至下游防洪控制断面及区间。

### 4. 系统的分类

（1）按系统组成部分的属性分类：自然系统、人造系统、复合系统

按照系统的起源，自然系统是由自然过程产生的系统，例如生态链系统、河流上游天然子流域降雨径流系统等。

人造系统则是人们为了达到某个目的按属性和相互关系将有关部件（或元素）组合而成的系统，例如城市系统、灌排系统、水电站系统等。当然，所有的人造系统都存在于自然世界之中，同时人造系统与自然系统之间存在着重要的联系。

复合系统是由不同属性的子系统复合而成的大系统，如水资源系统是由水体系统（自然系统）、水工建筑物系统（人造系统）及用水系统（社会经济系统）等子系统复合而成。复合系统的协调性是体现复合系统中子系统间及各种要素间关系的一个重要特征。当前人类所面临的水环境污染、水生态破坏、水资源匮乏等多种问题都是由于水资源系统的严重不协调而导致的。

（2）按系统组成部分的形态分类：实体系统、概念系统

一般的理解：实体系统是由一些实物和有形部件构成的系统；概念系统是用一些思想、规划、政策等的概念或符号来反映系统的部件及其属性的系统。

（3）按系统与环境的关系分类：封闭系统、开放系统

封闭系统是指该系统与外部环境之间没有物质、能量和信息交换的系统，由系统的界限将环境与系统隔开，因而呈现一种封闭状态。

开放系统是指该系统与外部环境之间存在物质、能量和信息交换的系统，开放系统往往具有自调节和自适应功能。

（4）按系统所处的状态分类：静态系统、动态系统

静态系统一般是指存在一定的结构但没有活动性的系统，动态系统是指既有结构和部件又有活动性的系统。

（5）按系统的规模分类：简单系统、复杂系统

凡是不能或不宜用还原论方法而要用或宜用新的科学方法去处理和解决的系统就属于复杂系统。

## （五）系统分析的概念和内容

### 1. 系统分析的概念

系统分析是系统方法中的一个重要内容，指把要解决的问题作为一个系统，对系统要素进行综合分析，对系统进行量化研究，找出解决问题的可行方案和咨询方法。系统分析与系统工程、系统管理一起，与有关的专业知识和技术相结合，综合应用于解决各个专业领域中的规划设计和管理问题。

### 2. 系统分析的内容

系统分析的内容包括系统研究作业、系统设计作业、系统量化作业、系统评价作业和系统协调作业。

（1）系统研究作业

系统研究作业的任务就是限定所研究的问题，明确问题的本质或特性、问题存在范围和影响程度、问题产生的时间和环境、问题的症状和原因等，通过广泛的资料处理，获得有关信息，进而使资料所代表的意义明确化，利用一些有效方法进行比较和分析，以确定和发现所提出问题的目标，找出系统环境与系统及目标之间的联系及其相互转换关系。

（2）系统设计作业

系统设计作业的任务就是对系统研究作业所界定的系统环境、决策系统和目标的特性进一步结构化，同时采用合理的、合乎逻辑的设计过程和方法反映系统的行为特征及其效果，并利用与信息源内容相关的各类专业知识充分和有效地扩展和掌握信息源可知部分，以达到使信息源的不可知部分减少到最低限度的目的。系统设计时，要考虑系统的准确性和可操作性两个原则。

（3）系统量化作业

系统设计作业完成后，便展示了系统目标覆盖范围内的各个系统部件以及部件之间的关系组合，描述了系统环境、决策系统与目标间的互相联系与影响，建立了系统的数据流图和系统结构图等，但是，系统的数据流图和系统结构图等只能描述系统的结构，而无法描述和展示系统的行为，因而使决策者难于了解系统的主要特性、功能和效果。系统量化作业作为系统分析中的一项工作，就是运用运筹学、数理统计等工具，对系统结构进行属性的量化工作，例如系统结构关系式的表示及其参数辨识、系统优化求解、系统经济效果的计算等，再配合系统评价活动，从而把彼此间具有相互竞争性的方案呈现在决策者面前，建立系统模型是系统量化作业的基础工作。数学模型是经常应用的一类模型，不同类别的模型适用于不同系统。到目前为止，还不可能找到一个通用性的模型。模型化的目的是模拟真实的物理系统，把最优决策施加在真实系统上。

系统动力学和系统仿真是系统动态行为模拟的有效工具，能对系统未来行为起到预测作用。

回归分析是预测工作的主要手段。在因果关系分析中，要在专业理论指导下通过数据的回归分析得到回归模型，以确定因变量和自变量的关系。在时间序列分析中，预测的因变量通过对历史上的时间序列数据的回归分析得到各类时间系列模型，但是一般系统既有系统结构上的因果关系，同时又有系统时间序列上的统计规律，因此提出了由因果分析与时间序列分析相结合，以及几种预测方法相结合的组合预测模型，目的是希望提高预测精度。各类预测方法和技术都有自己的应用范围和不足之处，对于复杂的社会系统，由于多方面因素的相互影响，往往要综合应用各类预测方法的长处来弥补某些方法的不足。故而，以系统分析为基础的综合预测（或反馈性预测）必将不断发展和完善。人工神经网络模型和支持向量机模型对于一些很难发现周期性规律的非线性动态过程或者混沌时间序列的短期预测是一种较为有效的工具。

系统优化是系统工程中的经典方法，复杂的社会系统往往具有多方面需要和多个目标，而且经常是不可公度和相互矛盾的，所以多目标规划问题在系统分析中将占有不可低估的地位。又由于系统分析工作中系统研究和设计作业很大程度上是一种创造性的工作，即要设计一个优化系统，交互式多目标规划可以作为系统量化作业活动中处理复杂系统的补充方法，它的根本点是系统分析人员与决策者可以进行信息交互和有助于设计一个优化的系统。对于一类组合优化问题，也可应用人工神经网络模型求解。

系统经济分析是系统量化所必需的方案的比较，结果的反映，最为具体和直观的将是经济指标。

## 二、水质检测与评价

水质是指水与其中所含杂质共同表现出来的物理、化学和生物学的综合特性。水质是水环境要素之一，其物理指标主要包括：温度、色度、浊度、透明度、悬浮物、电导率、嗅和味等；化学指标主要包括 pH 值、溶解氧、溶解性固体、灼烧残渣、化学耗氧量、生化需氧量、游离氯、酸度、碱度、硬度、钾、钠、钙、镁、二价和三价铁、锰、铝、氯化物、硫酸根、磷酸根、氟、碘、氨、硝酸根、亚硝酸根、游离二氧化碳、碳酸根、重碳酸根、侵蚀性二氧化碳、二氧化硅、表面活性物质、硫化氢、重金属离子（如铜、铅、锌、镉、汞、铬）等；生物指标主要指浮游生物、底栖生物和微生物（如大肠杆菌和细菌）等。根据水的用途及科学管理的要求，可将水质指标进行分类。例如，饮用水的水质指标可分为微生物指标、毒理指标、感观性状和一般化学指标、放射性指标；为了进行水污染防治，可将水质指标分为易降解有机污染物、难降解有机污染物、悬浮固体及漂浮固体物、可溶性盐类、重金属污染物、病原微生物、热污染、放射性污染等指标。分析研究各类水质指标在水体中的数量、比例、相互作用、迁移、转化、地理分布、历年变化以及同社会经济、生态平衡等的关系，是开发、利用和保护水资源的基础。

为了保护各类水体免受污染危害或治理已受污染的水体环境，首先必须了解需要研究的水体的各项物理、化学及生物特性，污染现状和污染来源。水体污染调查与监测就是采用一定的途径和方法，调查和监测水体中污染物的浓度和总量，研究其分布规律，研究对水体的污染过程及其变化规律。对各种来水（包括支流和排入水体的各类废水）进行监测，并调查各种污染物质的来源；及时、准确地掌握水体环境质量的现状和发展趋势，为开展水体环境的质量评价、预测预报、管理与规划等工作提供可靠的科学资料。这是我们进行水体污染调查与监测的基本目的。显然，这对于保障人民健康和促进我国现代化建设的发展具有重要意义。

## （一）水质检测方法

### 1. 颜色和透明度

水体根据污染物的组成呈现出不同的颜色。常规水质检测主要是根据水的颜色来推断水中杂质的种类和数量。例如黏土使水变黄，硫化氢析出的硫黄使水变蓝，各种藻类分别呈黄绿色和棕色。水质透明度是指水中杂质对透光的阻碍程度。如果一个白色或黑色的圆盘被水层腐蚀，调整圆盘的深度直到可以看到，此时圆盘的深度和位置表明它的透明度。因此，可以通过标记的透明度来判断水质状况。

### 2. 微量成分

水质的微量成分主要通过水质检测仪器进行分析。这些主要包括原子吸收光谱法、气相和液相色谱法、等离子体发射光谱法。系统地理解各种水质指标的含义至关重要，对于任何水生生态环境，检测和分析结果都是通过严格挑选的指标进行的。总之，水质的微量成分必须通过这些仪器进行检测。

### 3. 氧化还原和电化学方法

最典型的常规水质检测方法是氧化还原法和电化学法。离子选择电极有水的电导率、氧化还原电位，以及包括 pH 值在内的多种金属离子等各种指标。其中大部分以溶解量和氯离子含量为指标。

### 4. 加热和氧化剂分解方法

该方法主要使用有机化合物，包括有机物和分解过程中产生的二氧化碳的含量或分解过程中消耗的氧气的含量作为水质检测的指标。

### 5. 温度和中和方法

其中，温度是最常用的水质检测方法之一。因为水的许多物理特性和水中发生的化学过程都与温度密切相关。不同水源温度不同，但地表温度与当地气候条件有关，其变化范围为 $1 \sim 30$ ℃，而海水温度变化范围为 $2 \sim 30$ ℃；中和方法主要包括对水体的酸碱度进行水质检测。

### 6. 固体含量

天然水中所含的物质大多为固体物质，往往需要测量仪器的含量作为直接水质检测标准。各种固体含量标准可分为三类。第一，悬浮物。过滤水样后残渣干燥后剩余的固体物质的量，即悬浮物的含量。第二，总固体。水样中残留的固体物质总量，在一定温度下可蒸发干燥，可作为常规水质检测标准之一。第三，统计实体。溶解性固体主要包括溶于水的有机物和无机盐类，总固体含量为悬浮物和溶解性固体之和。另外，各种固体含量的测定都是按重量进行的，测定后的蒸发温度对结果影响很大。

## （二）水质评价

水质评价是水环境质量评价的简称，是根据水的不同用途，选定评价参数，按照一定的质量标准和评价方法，对水体质量定性或定量评定的过程。目的在于准确地反映水质的情况，指出发展趋势，为水资源的规划、管理、开发、利用和污染防治提供依据。

水质评价是环境质量评价的重要组成部分，其内容很广泛，因为其工作目的和研究角度的不同，分类的方法不同。

### 1. 水质评价分类

水质评价分类：水质评价按时间分，有回顾评价、预断评价；按水体用途分，有生活饮用水质评价、渔业水质评价、工业水质评价、农田灌溉水质评价、风景和游览水质评价；按水体类别分，有江河水质评价、湖泊（水库）水质评价、海洋水质评价、地下水水质评价；按评价参数分，有单要素评价和综合评价。

### 2. 水质评价步骤

水质评价一般步骤包括：提出问题、污染源调查及评价、收集资料与水质监测、参数选择和取值、选择评价标准、确定评价内容和方法、编制评价图表和报告书等。

（1）提出问题

这包括明确评价对象、评价目的、评价范围和评价精度等。

（2）污染源调查及评价

查明污染物排放地点、形式、数量、种类和排放规律，在此基础上结合污染物毒性，确定影响水体质量的主要污染物和主要污染源，并做出相应的评价。

（3）收集资料与水质监测

水质评价要收集和监测足以代表研究水域水体质量的各种数据。将数据整理验证后，用适当方法进行统计计算，以获得各种必要的参数统计特征值。监测数据的准确性和精确度以及统计方法的合理性，是决定评价结果可靠程度的重要因素。

（4）参数选择和取值

影响水体污染的物质很多，一般可根据评价目的和要求，选择对生物、人类及社会经济危害大的污染物作为主要评价参数。常选用的参数有水温、pH 值、化学耗氧量、生化需氧量、悬浮物、氨、氮、酚、氰、汞、砷、铬、铜、镉、铅、氟化物、硫化物、有机氯、有机磷、油类、大肠杆菌等。参数一般取算术平均值或几何平均值。水质参数受水文条件和污染源条件影响，具有随机性，故从统计学角度看，参数按概率取值较为合理。

（5）选择评价标准

水质评价标准是进行水质评价的主要依据。根据水体用途和评价目的，选择相应的评价标准。一般地表水评价可选用地表水环境质量标准；海洋评价可选用海洋水质标准；专业用途水体评价可分别选用生活饮用水卫生标准、渔业水质标准、农田灌溉水质标准、工业用水水质标准以及有关流域或地区制定的各类地方水质标准等。地质目前还缺乏统一评价标准，通常可参照清洁区土壤自然含量调查资料或地球化学背景值来拟定。

（6）确定评价内容及方法

评价内容一般包括感观性、氧平衡、化学指标、生物学指标等。评价方法的种类繁多，常用的有：生物学评价法、以化学指标为主的水质指数评价法、模糊数学评价法等。

（7）编制评价图表及报告书

评价图表可以直观反映水体质量好坏。图表的内容可根据评价目的确定，一般包括评价范围图，水系图，污染源分布图，监测断面（或监测点）位置图，污染物含量等值线图，水质、底质、水生物质量评价图，水体质量综合评价图等。图表的绘制一般采用符号法、定位图法、类型图法、等值线法、网格法等。评价报告书编制内容包括：评价对象、范围、目的和要求，评价程序，环境概况，污染源调查及评价，水体质量评价，评价结论及建议等。

# 第六章 水资源的危机管理与防治

## 第一节 水资源危机

### 一、水资源危机带来的生存与发展问题

#### （一）严重制约社会经济发展

##### 1. 造成巨大的经济损失

水资源危机的代价首先是经济上的。环境问题正在严重地影响着国家的整体社会经济发展。每年城市缺水造成工业产值的损失达 1200 亿元。每年水污染对人体健康的损害价值至少 400 亿元，环境因素已经被列为影响今天中国人民发病率和死亡率的四大主要因素之一。

污染治理给国家和地方财政带来了沉重的经济负担，势必影响经济建设和发展。水污染将增加城市生活用水和工业用水的处理费用，由于水量巨大，处理费用往往也很多。根据太湖地区一些城市的资料，由于水污染，每千吨供水就要增加处理费用 20~40 元，最多的甚至达到 56.8 元，如果不增加处理工序，就会造成工业产品质量下降。由此造成的损失也是巨大的，在太湖地区，通常是搬迁取水口，这导致每年都要花很多额外的钱。

##### 2. 对农业发展的影响

大部分水需求的增长发生在发展中国家，因为那里的人口增长和工农业发展都是最快的。大部分这样的国家处在非洲和亚洲的干旱及半干旱地区，它们将大部分可利用的水资源用于农业灌溉，而没有多余的水资源，也没有财力将其发展方向从密集的灌溉农业转向其他产业，创造更多的就业机会并获得收入以进口粮食来满足日益增长人口的需要。农业是经济发展的基础，目前世界 70 亿人口都要依靠农业来满足最基本的生存需要，而农业灌溉每年消耗水量约为世界用水量的 70%。水资源危机使大面积缺水地区的农业灌溉得不到保证，耕地退化并经常受到旱灾的威胁，从而制约了地区的农业发展。另外，随着工业、城市取水量的剧增，造成大量农业用水被工业和城市用水侵占，使农业用水更加得不到保证，也对地区农业起到了阻碍作用。

### 3. 对工业发展的影响

水资源不足同样制约着工业的发展，在世界各地，随着工业的发展，工业用水量直线上升，特别是发展中国家，目前生产力水平较低，工业不够发达，工业耗水相当严重。而这些国家都在致力于加速工业化步伐，今后工业需水量仍会继续增长，但许多地区有限的水资源已难以满足人类工业用水无休止增长的需要，并对地区工业发展产生制约作用，使许多将要开发的项目得不到实施，许多工厂减产或停产，如中国沧州有丰富的石油、天然气资源，因水资源不足，无法进行开发利用。据初步统计，全国每年因水资源不足而造成工业减产 400 亿~500 亿元。水污染同样影响着工业的发展，供水水质不合格导致工厂不能生产出合格产品，工厂不得不花费巨额投资净化供水水质；污染治理投资巨大，加上治污设施高额运转费支出，企业不堪重负，影响了生产，污染事故频繁发生，影响供水，也影响了工业生产。

### 4. 对城镇供水和居民生活的影响

中国的水短缺和水污染给城市供水和居民生活带来了严重影响，具体表现为：城镇居民生活用水得不到保证，影响了正常生活；影响供水系统，造成供水障碍，被迫开发新的水源地，或引起水厂停产和取水口搬迁等。由于缺水和水质恶化，我国实施了大量的调水工程，包括引滦入津工程、引黄入津工程以及整体尚未竣工的南水北调工程等。我国的多数城市，包括北京、天津、上海等，都面临同样的问题，缺水或水质污染使城市供水受到严重影响。

## （二）严重危及人类健康

### 1. 水传染疾病

进入水体中种类繁多的污染物绝大部分对人体有急性或慢性、直接或间接的致毒作用，有的还能积累在组织内部，改变细胞的 DNA 结构，对人体组织产生致癌变、致畸变和突变的作用。水污染物的环境健康危害主要分为生物、化学和物理危害，表现为急性危害（流行性传染病暴发等）、慢性危害（慢性中毒、水俣病、疼痛病）和远期危害（致癌变、致畸和致突变作用）。饮用不洁水不仅可传染疾病，还可引起水性地方病，化学性污染物可引起急性中毒和慢性中毒，还可以致癌变、致畸变、致突变。流行病学研究表明，某些地区含有有害物饮用水所造成的癌症死亡率明显高于对照人群。

水污染严重影响健康，水污染是世界上头号杀手之一，联合国开发计划署统计，目前全世界有 18 亿人没有合格的卫生用水。在发展中国家，80%~90%的疾病是由于饮用水被污染而引起的。在这些国家和地区，水中的病原体和污染物每年可导致 2500 万人死亡，占发展中国家死亡人数的 1/3。在发展中国家里，有 3/5 的人口缺乏清洁的饮用水，3/4 人口生活在极不卫生的条件中。世界上平均每天有 2.5 万多人因用被污染的水引起疾病或因缺水而死亡；在很多第三世界国家中，死亡的婴儿有 3/5 到 4/5 是由水污染发病而造成的。据联合国环境规划署的一项调查，在发展中国家里，每五种常见病中有四种是由脏水或是没有卫生设备造成的。

"全球疾病负担研究"报告指出：不良的水源、卫生设施和个人及家庭卫生结合在一起形成了疾病的第二大危险因素，占总死亡数的 53%和 DALY（伤残调整生命年）的 6.8%。贫困地区的分担份额大得多，在南撒哈拉地区为 10%，在印度为 9.5%，在中东为 8.8%。中国饮用水水源以地表水和井水为主，饮用人口占 82.4%。饮用各类自来水的人数为 2.04 亿，其中经过完全处理的自来水只占 46%，全国 80%的人口靠分散方式供水，农村大部分人仍靠手动或电动水泵水井或直接从未经过水处理的河流、湖泊、池塘或水井取水，目前仍有一半以上的农村人口在喝不符合安全标准的水。

由于水源污染，公共卫生设施跟不上发展的需求，有大量人口饮用不安全卫生水，从而致病。尤其在农村地区，大多水源受到污染，大肠菌群超标率高达 86%，城镇也有 28%，全国有约 7 亿人饮用大肠菌群超标水。全国有 7700 万人饮用氟化物超标水，主要分布在华北、西北和东北；有 1.6 亿人饮用受到有机污染的水；饮用含盐量（Ca、Mg）、硫酸盐和氯化物过高的水的人数分别为 1.2 亿、5000 万和 3400 万，还有饮用一些受到其他污染物污染的水，总计有 7 亿人饮用不安全的水，占调查人口的 70%。

## 2. 废水灌溉

农业灌溉也会带来一系列的环境问题，一是加剧了水资源危机；二是排放大量农业生产废水，污染物包括有机污染物、农药、氮磷污染物等；三是直接影响人体健康，有 30 多种疾病与灌溉有关，如血吸虫病、疟疾等。在中国 2000 多年的古老农业历史中，废水灌溉在中国许多地方是一个常见的做法。但是，过去几十年间，采用人粪尿的那种老习惯已为使用工业废水所补充，从而引起了生物和化学的污染问题。

污水灌溉也引起灌区土壤和地下水的污染，包括某些有机污染物、重金属、致癌物等在内的污染物都在灌溉的过程中进入食物链，从而影响了人体健康。在那些靠废水灌溉的地区，疾病的发病率，尤其是恶性疾病的发病率普通偏高，污水灌溉对人体健康的影响已经引起普遍关注。随着水资源危机的加剧，尤其是我国北方地区，污水灌溉问题将更加突出。

## （三）威胁自然生态系统

### 1. 栖息地的影响

生物的生存和繁衍离不开水，无论是动物、植物，无论动物是陆生的、水生的，还是两栖的。水资源危机对生态系统的影响，首先表现为对生物栖息地的影响，包括栖息地的丧失、退化和变迁。水资源开发利用，改变了水的使用功能和途径，引起自然生态系统的毁灭；缺水将引起气候变化、土地退化和荒漠化、湿地的丧失和退化；水污染引起水体的物理化学性质变化，这些都影响了生物的生存和繁衍。

### 2. 生物多样性的影响

缺水和水污染破坏了生物的生存和繁衍环境，进而引起生物种群结构、数量的变化，一些环境敏感物种甚至消亡，生物多样性受到威胁。

### 3. 自然景观的影响

水是自然景观的基本要素，在中国山东济南被称为"天下第一泉"的趵突泉，因地下水位持续下降，只有在汛期的特定时间，才能见到三泉齐涌的壮观景象。另外，山西晋祠的泉水、淮南八公山的珍珠泉等也几近枯竭。北京的莲花池、万泉庄等即将徒有虚名。水污染同样使景观价值大为降低，意有"高原明珠"的滇池，因污染而失去了旅游观光价值，杭州西湖、南京玄武湖、太湖等污染问题已经严重影响了旅游业的发展。

### 4. 诱发的自然灾害

水资源危机还可能引起表土干化、植被减少、诱发沙漠化等自然灾害。

# 二、水资源危机的内涵

## （一）概述

地球总水量占地球体积的 1%，达到 13.86 亿 $km^3$，地球表面的 71% 被水覆盖，但可利用的水资源量是有限的。如果可利用的水资源分配合理，且能够得到合理而有效的利用，完全可以满足世界 60 亿人口的生活和生产需要，不会产生全球性的水资源危机。自然界的水资源处于动态循环过程中，水循环过程中任何一个环节出现障碍，都会导致水资源危机，比如使用过程中带来过量的环境污染物，使水体受到污染，会产生污染型水资源短缺，因此，水循环系统障碍是造成全球水资源危机的根源。水循环是一个庞大的天然水资源系统，循环过程在自然界中具有一定的时间和空间分布，而其时空分布受地理条件和气候的作用，有的地区长时间暴雨成灾，而同时有的地区长时间干旱无雨，水资源呈现出强烈的时空分布特征，这是造成局部地区水资源短缺的重要自然因素。从水循环与环境的关系可见，环境与水循环有着密切的关系，环境的破坏将影响着水循环的数量、路径和速度，因此，生态环境的破坏是造成水资源危机的重要的人为因素。生态环境破坏的根源在于人口剧增、城市化、经济发展、森林生态系统的毁坏、环境污染以及规划管理等。

### （二）水资源危机的表现

21世纪，人类将进入信息社会，科技高速发展，人类开发利用和保护水资源的能力将明显提高。但是受水资源自身的有限性与分布不均匀性、全球气候等自然因素，人口增加、城市化、工农业发展、生态系统破坏、环境污染等人为因素的影响，水资源危机还将持续相当长的时间，在未来的几十年内，水资源危机还将呈现加重趋势。

#### 1. 水资源危机继续加重

自从20世纪70年代联合国水会议向全世界发出了"水不久将成为一个深刻的社会危机"的警告后，几十年来人们一直在关注水资源危机，也在努力消除危机，可结果并不理想，水资源需求和供给矛盾日益加剧，全世界对水的需求将会是21世纪最为紧迫的资源问题。

如果世界年用水量继续按照目前的3%~5%增长，则全世界平均每15年淡水消耗量增长1倍，目前地球上已有60%的陆地面积，遍及63个国家和地区面临缺水问题，将逐渐演化为全球性的水资源危机。据预测，21世纪初面临缺水的国家中，欧洲有15个，亚洲有14个，非洲有20个。目前有些国家人口已超过供水能够承受的能力，若将人均每年拥有水资源1000 m³以下的国家作为缺水国家，则世界上有26个国家3亿多人正生活在缺水状态中。另外，14个中东国家中的9个也面临着缺水情况，使之成为世界上缺水国家最集中的地区。

目前，全世界每15人中就有1人生活在用水紧张或水荒环境中，而到2025年同样的情形将困扰全球的每3个人中的1个。据估计，全世界面临水源紧张的人口有3.35亿，到2025年将上升到28亿至33亿，缺水的人口将增加8倍多。印度预计2050年需水量将达可用水量的92%；阿拉伯22个国家地处沙漠，水资源贫乏情况严重，到2030年缺水将达1000亿 m³；埃及、以色列等国基本上使用了全国可利用水量，水已不折不扣地成为这些国家生存与发展的生命线。

#### 2. 水污染问题日益突出

21世纪，科技发展速度与水环境保护投入远远跟不上水污染的发展速度，水污染将继续破坏很大一部分可利用的水资源，极大地加剧各地区现有缺水问题的严重性。21世纪初期，世界人口和经济继续发展，尤其是广大的发展中国家，为了摆脱落后和贫困，继续着工业化国家的发展之路，工业快速发展，农业集约化，城市化进程加快，都预示着水污染排放量的急剧上升。在发展中国家，经济发展始终是第一位的，实现可持续发展的前提是良好的经济基础。如果经济落后，人的基本生活得不到保证，保护自然资源只是空洞的设想，因此发展中国家只有在发展经济过程中逐步改善环境质量。

**3. 水资源危机呈现强烈的区域特征**

21世纪，全球经济发展短期内继续呈现不均衡的局面，贫困人口增加，贫富差距增大，发展中国家继续着资源型经济，因此水资源危机除呈现全球化趋势外，最明显的特征是强烈的地区特征。发展中国家水资源危机远超过发达国家，城市水资源危机超过农村地区。

# 第二节　水资源管理

## 一、水资源管理的含义

对水资源管理的含义，国内外专家学者有着不同理解和定义，还没有统一的认识，目前关于水资源管理的定义有：

《中国大百科全书·大气科学·海洋科学·水文科学》：水资源管理是水资源开发利用的组织、协调、监督和调度；运用行政、法律、经济、技术和教育等手段，组织各种社会力量开发水利和防治水害；协调社会经济发展与水资源开发利用之间的关系，处理各地区、各部门之间的用水矛盾；监督、限制不合理开发水资源和危害水源的行为；制订供水系统和水库工程的优化调度方案，科学分配水量。

《中国大百科全书·环境科学》：水资源管理是防止水资源危机，保证人类生活和经济发展的需要，运用行政、技术、立法等手段对淡水资源进行管理的措施。水资源管理工作的内容包括调查水量，分析水质，进行合理规划、开发和利用，保护水源，防止水资源衰竭和污染等。同时也涉及与水资源密切相关的工作，如保护森林、草原、水生生物，植树造林，涵养水源，防止水土流失，防止土地盐渍化、沼泽化、沙化等。

水资源管理是水行政主管部门综合运用法律、行政、经济、技术等手段，对水资源的分配、开发、利用、调度和保护进行管理，以求可持续地满足社会经济发展和生态环境改善对水的需求的各种活动的总称。

水资源管理就是为保证特定区域内可以得到一定质和量的水资源，使之能够持久开发和永续利用，以最大限度地促进经济社会的可持续发展和改善环境而进行的各项活动（包括行政、法律、经济、技术等方面）。

水资源管理是为支持实现可持续发展战略目标，在水资源及水环境的开发、治理、保护、利用过程中，所进行的统筹规划、政策指导、组织实施、协调控制、监督检查等一系列规范性活动的总称。统筹规划是合理利用有限水资源的整体布局、全面策划的关键；政策指导是进行水事活动决策的规则与指南；组织实施是通过立法、行政、经济、技术和教育等形式组织社会力量，实施水资源开发利用的一系列活动实践；协调控制是处理好资源、环境与经济、社会发展之间的协同关系和水事活动之间的矛盾关系，控制好社会用水与供水的平衡和减轻水旱灾害损失的各种措施；监督检查则是不断提高水的利用率和执行正确方针政策的必需手段。

水资源管理就是协调人水关系，是人类为了满足生命、生活、生产和生态等方面的水资源需求所采取的一系列工程和非工程措施之总和。它依据水资源环境承载能力，遵循水资源系统自然循环功能，按照经济社会规律和生态环境规律，运用法规、行政、经济、技术、教育等手段，通过全面系统的规划优化配置水资源，对人们的涉水行为进行调整与控制，保障水资源开发利用与经济社会和谐持续发展。

联合国教科文组织国际水文计划工组将可持续水资源管理定义为：支撑从现在到未来社会及其福利而不破坏它们赖以生存的水文循环及生态系统的稳定性的水的管理与使用。

# 二、水资源管理的目标

水资源管理的最终目标是使有限的水资源创造最大的社会经济效益和生态环境效益，实现水资源的可持续利用和促进经济社会的可持续发展。《中国 21 世纪议程》中对水资源管理的总要求是：水量与水质并重，资源和环境管理一体化。

水资源管理的基本目标如下：

## （一）形成能够高效利用水的节水型社会

在对水资源的需求有新发展的形势下，必须把水资源作为关系到社会兴衰的重要因素来对待，并根据中国水资源的特点，厉行计划用水和节约用水，大力保护并改善天然水质。

## （二）建设稳定、可靠的城乡供水体系

在节水战略指导下，预测社会需水量的增长率将保持或略高于人口的增长率。在人口

达到高峰以后，随着科学技术的进步，需水增长率将相对也有所降低，并按照这个趋势制订相应计划以求解决各个时期的水供需平衡，提高枯水期的供水安全度，及对于特殊干旱的相应对策等，并定期修正计划。

### （三）建立综合性防洪安全的社会保障制度

由于人口的增长和经济的发展，如再遇洪水，给社会经济造成的损失将比过去加重很多，在中国的自然条件下江河洪水的威胁将长期存在。因此，要建立综合性防洪安全的社会保障体制，以有效地保护社会安全、经济繁荣和人民生命财产安全，以求在发生特大洪水情况下，不致影响社会经济发展的全局。

### （四）加强水环境系统的建设和管理

水是维系经济和生态系统的最大关键性要素，通过建设国家和地方水环境监测网和信息网，掌握水环境质量状况，努力控制水污染发展的趋势，加强水资源保护，实行水量与水质并重、资源与环境一体化管理，以应对缺水与水污染的挑战。

## 三、水资源管理的原则

水资源管理要遵循以下原则：

### （一）维护生态环境，实施可持续发展战略

生态环境是人类生存、生产与生活的基本条件，而水是生态环境中不可缺少的组成要素之一，在对水资源进行开发利用与管理保护时，只有把维护生态环境的良性循环放到突出位置，才可能为实施水资源可持续利用，保障人类和经济社会的可持续发展战略奠定坚实的基础。

### （二）地表水与地下水、水量与水质实行统一规划调度

地球上的水资源分为地表水资源与地下水资源，而且地表水资源与地下水资源之间存在一定关系，联合调度，统一配置和管理地表水资源和地下水资源，可以提高水资源的利用效率。水资源的水量与水质既是一组不同的概念，又是一组相辅相成的概念，水质的好坏会影响水资源量的多少，人们谈及水资源量的多少，往往是指能够满足不同用水要求的水资源量，水污染的发生会减少水资源的可利用量；水资源的水量多少会影响水资源的水质。将同样量的污染物排入不同水量的水体，由于水体的自净作用，水体的水质会产生不

同程度的变化。在制订水资源开发利用规划时，水资源的水量与水质也须统一考虑。

### 1. 加强水资源统一管理

水资源的统一管理包括：水资源应当按流域与区域相结合，实行统一规划、统一调度，建立权威、高效、协调的水资源管理体制；调蓄径流和分配水量，应当兼顾上下游和左右岸用水、航运、竹木流放、渔业和保护生态环境的需要；统一发放取水许可证与统一征收水资源费，取水许可证和水资源费体现了国家对水资源的权属管理，水资源配置规划和水资源有偿使用制度的管理；实施水务纵向一体化管理是水资源管理的改革方向，建立城乡水源统筹规划调配，从供水、用水、排水，到节约用水、污水处理及再利用、水源保护的全过程管理体制，以把水源开发、利用、治理、配置、节约、保护有机地结合起来，实现水资源管理在空间与时间的统一、水质与水量的统一、开发与治理的统一、节约与保护的统一，达到开发利用和管理保护水资源的最佳经济、社会、环境效益的结合。

### 2. 保障人民生活和生态环境基本用水，统筹兼顾其他用水

水资源的用途主要有农业用水、工业用水、生活用水、生态环境用水、发电用水、航运用水、旅游用水、养殖用水等。《中华人民共和国水法》规定，开发、利用水资源，应当首先满足城乡居民生活用水，并兼顾农业、工业、生态环境用水以及航运等需要。在干旱和半干旱地区开发、利用水资源，应当充分考虑生态环境用水需要。

### 3. 坚持开源节流并重，节流优先、治污为本的原则

我国水资源总量虽然相对丰富，但人均拥有量少，而在水资源的开发利用过程中，又面临着水污染和水资源浪费等水问题，严重影响水资源的可持续利用，因此，在进行水资源管理时，只有坚持开源节流并重，以及节流优先、治污为本的原则，才能实现水资源的可持续利用。

### 4. 坚持按市场经济规律办事，发挥市场机制对促进水资源管理的重要作用

水资源管理中的水资源费和水费经济制度，以及谁耗费水量谁补偿、谁污染水质谁补偿、谁破坏生态环境谁补偿的补偿机制，确立全成本水价体系的定价机制和运行机制。水资源使用权和排水权的市场交易运作机制和规则等，都应在政府宏观监督管理下，运用市场机制和社会机制的规则，管理水资源，发挥市场调节在配置水资源和促进合理用水、节约用水中的作用。

### 5. 坚持依法治水的原则

在进行水资源管理时，必须严格遵守相关的法律法规和规章制度，如《中华人民共和国水法》《中华人民共和国水污染防治法》《中华人民共和国水土保持法》和《中华人民

共和国环境法》等。

### 6. 坚持水资源属于国家所有的原则

《中华人民共和国水法》规定水资源属于国家所有，水资源的所有权由国务院代表国家行使，这从根本上确立了我国的水资源所有权原则。坚持水资源属于国家所有，是进行水资源管理的基本点。

### 7. 坚持公众参与和民主决策的原则

水资源的所有权属于国家，任何单位和个人引水、截（蓄）水、排水，不得损害公共利益和他人的合法权益，这使得水资源具有公共性的特点，成为社会的共同财富，任何单位和个人都有享受水资源的权利。因此，公众参与和民主决策是实施水资源管理工作时须要坚持的一个原则。

## 四、水资源管理的内容

水资源管理是一项复杂的水事行为，涉及的内容很多，综合国内外学者的研究，水资源管理主要包括水资源水量与质量管理、水资源法律管理、水资源水权管理、水资源行政管理、水资源规划管理、水资源合理配置管理、水资源经济管理、水资源投资管理、水资源统一管理、水资源管理的信息化、水灾害防治管理、水资源宣传教育、水资源安全管理等。

### （一）水资源水量与质量管理

水资源水量与质量管理是水资源管理的基本组成内容之一，水资源水量与质量管理包括水资源水量管理、水资源质量管理，以及水资源水量与水资源质量的综合管理。

### （二）水资源法律管理

法律是国家制定或认可的，由国家强制力保证实施的行为规范，以规定当事人权利和义务为内容的具有普遍约束力的社会规范。法律是国家和人民利益的体现和保障。水资源法律管理是通过法律手段强制性管理水资源的行为。水资源的法律管理是实现水资源价值和可持续利用的有效手段。

### （三）水资源水权管理

水资源水权是指水的所有权、开发权、使用权以及与水开发利用有关的各种用水权利的总称。水资源水权是调节个人之间、地区与部门之间以及个人、集体与国家之间使用水资源及相邻资源的一种权益界定的规则。《中华人民共和国水法》规定水资源属于国家所有，水资源的所有权由国务院代表国家行使。

### （四）水资源行政管理

水资源行政管理是指与水资源相关的各类行政管理部门及其派出机构，在宪法和其他相关法律、法规的规定范围内，对于与水资源有关的各种社会公共事务进行的管理活动，不包括水资源行政组织对内部事务的管理。

### （五）水资源规划管理

开发、利用、节约、保护水资源和防治水害，应当按照流域、区域统一制订规划。规划分为流域规划和区域规划，流域规划包括流域综合规划和流域专业规划，区域规划包括区域综合规划和区域专业规划。综合规划是指根据经济社会发展需要和水资源开发利用现状编制的开发、利用、节约、保护水资源和防治水害的总体部署。专业规划是指防洪、治涝、灌溉、航运、供水、水力发电、竹木流放、渔业、水资源保护、水土保持、防沙治沙、节约用水等规划。

### （六）水资源合理配置管理

水资源合理配置方式是水资源持续利用的具体体现。水资源配置如何，关系到水资源开发利用的效益、公平原则和资源、环境可持续利用能力的强弱。《中华人民共和国水法》规定全国水资源的宏观调配由国务院发展计划主管部门和国务院水行政主管部门负责。

### （七）水资源经济管理

水资源是有价值的，水资源经济管理是通过经济手段对水资源利用进行调节和干预。水资源经济管理是水资源管理的重要组成部分，有助于提高社会和民众的节水意识和环境意识，对于遏制水环境恶化和缓解水资源危机具有重要作用，是实现水资源可持续利用的重要经济手段。

### （八）水资源投资管理

为维护水资源的可持续利用，必须保证水资源的投资。此外，在水资源投资面临短缺时，如何提高水资源的投资效益也是非常重要的。

## （九）水资源统一管理

对水资源进行统一管理，实现水资源管理在空间与时间的统一、质与量的统一、开发与治理的统一、节约与保护的统一，为实施水资源的可持续利用提供基本支撑条件。

## （十）水资源管理的信息化

水资源管理是一项复杂的水事行为，需要收集和处理大量的信息，在复杂的信息中又需要及时得到处理结果，提出合理的管理方案，使用传统的方法很难达到这一要求。基于现代信息技术，建立水资源管理信息系统，能显著提高水资源的管理水平。

## （十一）水灾害防治管理

水灾害是影响我国最广泛的自然灾害，也是我国经济建设、社会稳定敏感度最大的自然灾害。危害最大、范围最广、持续时间较长的水灾害有干旱、洪水、涝渍、风暴潮、灾害性海浪、泥石流、水生态环境灾害。

## （十二）水资源宣传教育

通过书籍、报纸、电视、讲座等多种形式与途径，向公众宣传有关水资源信息和业务准则，提高公众对水资源的认识。同时，搭建不同形式的公众参与平台，提高公众对水资源管理的参与意识，为实施水资源的可持续利用奠定广泛与坚实的群众基础。

## （十三）水资源安全管理

水资源安全是水资源管理的最终目标。水资源是人类赖以生存和发展不可缺少的一种宝贵资源，也是自然环境的重要组成部分，因此，水资源安全是人类生存与社会可持续发展的基础条件。

# 第三节　水资源污染的防治

## 一、水污染防治技术的发展

水污染防治技术的发展过程是在人们对水污染危害认识的基础上逐渐发展起来的。它经历了从最初的如何将废弃不用的水排出，到怎样才不至于使排出的水影响水质，从随着工业发展逐渐发展起来的污水防治技术，到今天我们站在可持续发展的高度而采取的一系列保护水资源的战略、措施等发展过程。

首先是排水问题。人们不断集聚生活，人口越来越多，用水量越来越大，那么很自然地会面临如何排水的问题。人们在何时开始排水工程建设很难考证，但考古发现，公元前2300年，中国先民就曾用陶土管敷设下水道。公元98年以前，在罗马曾建设巨大的城市排水渠和废水管道。但当时该排水工程的主要目的是排出城区的暴雨和冲洗街道的水，只有王宫和个别的私人生活污水与这些渠道连通。排水工程与技术虽然开始得很早，但是其发展速度却十分缓慢，直至19世纪中叶均无显著的进展。早期的排水系统就是增加集流系统，通过已有的雨水管道排放城区的生活污水和粪便。这就形成了许多老城市的合流制排水系统。

最初，人们是将城市污水不做任何处理就近排入河道，利用天然水体的自然净化能力消纳、净化污水。当排入的污水量较少时，河流有足够的自净能力，经过一段时间后，进入河水中的污染物会被消减掉，河水重新返清；但当污水量日益增加，污染物的量超过纳污河道的自净能力，河水就会变得黑臭，长时间不能返清，最终成为一条城市的污水沟。随着城市规模的扩大和排污水量的增加，更多更长的污水沟形成，甚至成为纵横城市内外的污水沟网，它们将城市污水汇集到附近较大的河流，逐渐又使这些水体水质变差，甚至变黑变臭。如英国泰晤士河，曾一度造成严重污染，相当长一段时间内鱼群消失。

中国的许多城市目前仍在发生着类似的事情，许多城市区域内的河渠变成污水沟，许多城市附近的河流逐渐黑臭，有的终年黑臭，如中国上海的黄浦江，在20世纪60年代逐渐被污染，80年代每年黑臭期长达150天，而其支流苏州河终年黑臭。流经各城市的河流象征城市的血脉，担当排污水的河沟就像城市的静脉。大量未经处理的污水排放使城市的静脉变得黑臭，随后便影响到作为城市给水水源的清洁河流——城市的大动脉。城市污水对人类的健康甚至生命造成了严重的威胁，这使人们对污水和废水在排入天然水体前的处理净化提出了要求，人们开始关注污水处理与净化技术的研究。

　　早期的水污染主要是由水冲厕所产生的粪便污水引起的，因此，污水处理技术的研究也从处理或处置厕所污水开始。人们最早使用的方法是渗坑，也就是在地上挖一个土坑，让污水渗入地下，这种方法在多孔性土壤上的效果很令人满意，但在细颗粒土壤便因坑壁堵塞问题而不适用。在这种条件下，人们又发明了化粪池。水在化粪池中沉淀，固体在池底消化，顶部溢流水排至专门的场地，在那里再让污水渗入地下。目前，在某些乡村，在无下水道的城区，有的还在使用渗坑或化粪池。由于在化粪池中沉淀与消化在同一个池子里进行，池中气泡上升不利于沉淀，使出水水质不理想。为解决这一问题，人们又研究出了隐化池，即将沉淀与消化过程分开的构筑物，后来由此发展出了污水的沉淀和污泥处置的构筑物和技术。污水的沉淀技术称为初级处理或称一级处理技术，可以说是污水处理技术的第一台阶。

　　一级水处理技术效率低，经一级处理后排水，仍会对水体产生很大污染，不能解决日益加重的水污染问题，这促使人们寻求更进一步的污水处理技术。污水二级处理技术的研究就是在这样的社会和技术背景下开始的。

　　二级污水处理技术研究的突破发生于 19 世纪 90 年代。当时，有人注意到污水在砾石表面缓慢流动，当石子表面长有一层膜，而且与空气接触时，会导致污水强度，即水污染物浓度迅速降低。于是人们就用填满石子的池子过滤污水，并将这种池子称为滴滤池，将这种工艺称为滴滤，现在一般将这种水处理装置称为生物滤池。处理城市污水的第一座生物滤池建于 20 世纪 10 年代。同期，人们在实验室中注意到，污水中发育出来的污泥团对水中有机质有着强亲和性，它们可显著地提高 $BOD_5$ 的去除率。人们后来将这种污泥称为活性污泥，并发明了活性污泥法污水处理技术。活性污泥法可以说是水污染控制技术的一项重大发现。该技术的出现为城市污水的处理和净化找到了一种既经济又高效的方法，开辟了人类污水处理与净化技术发展的一个新纪元。

　　活性污泥法诞生后，其基础和应用研究受到广泛重视，研究成果不断出现。活性污泥法的基本工艺不断改进，新工艺流程和单元设备不断推出，系统运行的控制与管理不断趋于自动化。20 世纪 30 年代出现阶段曝气法，1939 年在美国纽约开始实际应用；40 年代提出修正曝气法；50 年代发明了吸附再生法和氧化沟法；60 年代研制出高效机械曝气机；70 年代产生了纯氧曝气法、深井曝气法、流动床法，并制造出商品化的纯氧曝气系统；80 年代应防治水体富营养化的需要，人们又推出了可以有效脱氮脱磷的污水浓度处理工艺"厌氧-好氧"活性污泥法；2020 年，活性污泥水处理技术已经发展得很成熟，在很多地方仍以活性污泥法水处理技术为主。

　　活性污泥法水处理技术是一种高效经济的水处理技术。在污水生化处理技术中其效率最高，$BOD_5$ 一般在 $10\sim20$ mg/L，最佳的在 $5\sim7$ mg/L。由于活性污泥法能够有效地净化污水，确保良好的处理水质，因此成为世界上一种普遍采用的水污染控制技术。许多应用大型活性污泥法的城市污水处理厂、工业区污水处理厂在世界各地建成，污水厂的规模从每天可处理几百吨到几百万吨不等。活性污泥法可以说是二级污水处理的主要技术，是当今水污染控制技术的一根支柱，它在未来水资源再生利用中也将起到重要作用。

二级污水处理技术除了活性污泥法之外，还有厌氧生化处理技术、生物膜法水处理技术，如生物转盘、生物接触氧化池及前面提到的生物滤池等，它们在许多中小型工业企业水处理和城市污水处理中得到应用，发挥各自的作用。

目前，活性污泥法水处理技术正在向高新技术发展。人们正致力于不过多消耗能源、资源，不过分受水质水量变化和毒物影响，剩余污泥量少，能有效去除水中有机物和富营养化物质氮和磷，以及能去除更难分解的合成有机物，开发更加理想的活性污泥法技术。除了上面提到的厌氧-好氧式工艺外，正在研究开发的新型活性污泥法工艺还有间歇式工艺、高污泥浓度工艺、投加絮凝剂工艺、新型氧化沟工艺、微生物的固定化技术及与膜技术相结合的膜生物反应器工艺等。

# 二、水污染处理的基本途径和技术方法

废水也是一种水资源。废水中含有多种有用的物质，如果不经过处理就排放出去，不仅是水资源和其他资源的浪费，而且会污染环境。因此，必须重视废水的处理和重复利用，以及废水中污染物质的回收利用。

## （一）污水处理的基本途径

控制污染物排放及减少污染源排放的工业废水量是控制水体污染最关键的问题。根据国内外的经验，主要有以下几个方面的措施。第一，改革生产工艺，推行清洁生产，尽量不用水或少用易产生污染的原料及生产工艺，如采用无水印染工艺代替有水印染工艺，可减少印染废水的排放。第二，重复用水及循环用水，使废水排放量减至最少。重复用水，根据不同生产工艺对水质的不同要求，将甲工段排出的废水送往乙工段，将乙工段的废水排入丙工段，实现一水多用。第三，回收有用物质，尽量使流失在废水中的原料或成品与水分离，既可减少生产成本，增加经济收益，又可降低废水中污染物质的浓度，或减轻污水处理的负担。第四，合理利用水体的自净能力。在考虑控制水体污染的时候，必须同时考虑水体的自净能力，争取以较少的投资获得较好的水环境质量。以河流为例，河流的自净作用是指排入河流的污染物质浓度在河水向下游流动中自然降低的现象。这种现象是由于污染物质进入河流后发生的一系列物理、化学、生物净化而形成的。利用水体的自净能力一定要经过科学的评价、合理的规划和严格的管理。

## （二）污水处理技术方法

污水的处理技术方法有以下三类：

### 1. 物理处理法

物理处理法是借助于物理的作用从废水中截留和分离悬浮物的方法。根据物质作用的不同，又可分为重力分离法、离心分离法和筛滤截留法等。属于重力分离法的处理单元有沉淀、上浮（气浮、浮选）等，相应使用的处理设备是沉沙池、沉淀池、除油池、气浮池及其附属装置等。离心分离法本身就是一种处理单元，使用的处理装置有离心分离机和水旋分离器等。筛滤截留法有栅筛截留和过滤两种处理单元，前者使用的处理设备是格栅、筛网，后者使用的是砂滤池和微孔滤机等。

### 2. 化学处理法

化学处理法是通过化学反应和传质作用来去除废水中呈溶解、胶体状态的污染物质或将其转化为无害物质的废水处理法。在化学处理法中，以投加药剂产生化学反应为基础的处理单元是混凝、中和、氧化还原等，而以传质作用为基础的处理单元则有萃取、汽提、吹脱、吸附、离子交换以及电渗析和反渗透等。

### 3. 生物处理法

生物处理法是通过微生物的代谢作用，使废水中呈溶解、胶体以及微细悬浮状态的有机性污染物质，转化为稳定、无害的物质的废水处理法。根据微生物作用的不同，生物处理法又可分为好氧生物处理法和厌氧生物处理法两种类型。

## 三、城市水污染控制技术与方法

城市水污染控制是水污染防治的一个重要内容。为谋求总体环境质量的改善而强化废水集中控制措施，是治理污染的必由之路。在城市水污染控制中，采取集中控制与分散治理相结合的方针，并逐步把集中控制和治理作为主要手段，是实施保护环境、控制污染的最佳途径之一。城市水污染集中控制工程措施包括分散的点源治理措施，即集中控制措施要在一定的分散的基础上进行，将那些不适宜集中控制的特殊污染废水处理好，污染集中控制措施才能达到事半功倍的效果。简而言之，工业废水的处理是进行城市污水集中处理的先决条件。所以，城市污染集中控制应采取源内预处理、行业集中处理、企业联合处理、城市污水处理厂、土地处理系统、氧化塘、污水排江排海工程等多种工程措施。

## （一）源内预处理

保证污水集中控制工程的正常运转，必须对重金属废水、含难生物降解的有毒有机废水、放射性废水、强酸性废水、含有粗大漂浮物和悬浮物废水等进行源内重点处理，经源内预处理后，按允许排放标准排入城市排水管网或进入集中处理工程。

在城市废水中，电镀、冶金、染料、玻璃、陶瓷等行业的废水含有一定量的重金属，这些污染物在环境中易积累，不能生物降解，对环境污染较为严重；化工、农药、肥料、制药、造纸、印染、制革等行业则排放有机污染废水，其废水中含有一定量的难生物降解的有毒有机物及金属污染物，它们对污水土地处理等集中控制工程的运转产生不利影响，易在生物、土壤、农作物中蓄积，对环境污染较严重。

因此，对上述主要行业的废水应在源内进行预处理，再进入城市污水处理工程。另外，强酸性废水易腐蚀排水管道，而含粗大漂浮物和悬浮物废水可造成排水管网堵塞，所以这两种废水必须在源内进行处理，然后再排入排水管网或集中处理工程。

## （二）主要行业废水的集中控制

行业的废水性质相似，便于集中控制。电镀废水是污染环境的主要污染源之一。中国电镀行业的工厂（点）比较分散，电镀厂（车间）多，布局不尽合理，因此对于电镀废水可采用压缩厂点、合并厂点、集中治理的办法。对于小型电镀厂，可合并使生产集中，废水排放集中，然后利用效率较高的处理设施，实行一定规模的集中处理，这样既可提高产品质量，又可减少分散治理的非点源污染，有较高的环境、经济效益。在一定区域范围内，根据污水的排量和组分，建设具有一定规模、类型不同的电镀污水处理厂，其可以是专业的也可以是综合的，以充分发挥处理厂的综合功能和提高效率。

纺织印染废水由于加工纤维原料、产品品种、加工工艺和加工方式不同，废水的性质与组成变化很大。其废水的特征是碱度高、颜色深，含有大量的有机物与悬浮物及有毒物质，其对环境危害极大。对小型纺织印染工厂进行合并等，实行集中控制，根据纺织印染废水水质的特点，进行合并处理，可取得较好效果。

造纸行业主要污染物是 COD、SS 等，是中国污染最严重的行业之一，不仅污水量大，污染物浓度高，而且覆盖面广。目前在中国分散的造纸厂严重污染环境。国外生产实践表明，集中制浆、分散造纸是控制造纸行业水污染较成熟的方法。中小型造纸厂因为建碱回收系统投资巨大，经济效益较差，所以在国外都采用大规模集中制浆，造纸厂集中控制的

第一步是碱回收系统，可减少环境污染，又能在经济效益上取得一定成效。

废乳化液是机械行业废水中较突出的污染，虽然废乳化液问题不多，但是就全国目前来看，排放点多且面广，如果每个污染源都建处理设施则经济上不合算，技术上也得不到保证。采取集中控制措施对乳化液进行集中治理，把各企业的环保补助资金集中起来，是最佳处理措施。乳化液废水处理方法主要有电解法、磁分离法、超滤法、盐析法等。

## （三）废水的联合或分区集中处理

对于布局相邻或较近的企业，在其废水性质相接近的条件下，可采用联合集中处理方法。即将各企业污染较大的水集中到一起进行处理，另外也可以在一个汇水区或工业小区内，将全部企业所排放的污染较大的废水集中在一起处理。除了企业间的废水联合或分区集中处理外，也可采取企业间废水的串用或套用，将一个企业排放的废水作为另一个企业的生产用水，这样既减少污水处理费用，又增加了水资源，可以缓解水资源紧张的矛盾。

## （四）城市污水处理厂

城市污水处理厂是集中处理城市污水、保护环境的最主要措施和必然途径，城市污水的处理按处理程度可分为：一级处理、二级处理、三级处理。

污水一级处理是城市污水处理的三个级别中的第一级，属于初级处理，也称预处理，主要采取过滤、沉淀等机械方法或简单化学方法对废水进行处理，以去除废水中悬浮或胶态物质，以及中和酸碱度，以减轻废水的腐化程度和后续处理的污染负荷。污水经过一级处理后，通常达不到有关排放标准或环境质量标准，所以一般都把一级处理作为预处理。城市污水经过一级处理后，一般可去除 BOD 和 SS 25%~40%，但不能去除污水中呈溶解状态和呈胶体状态的有机物和氰化物、硫化物等有毒物。常用的一级处理方法有：筛选法、沉淀法、上浮法、预曝气体法。

污水二级处理主要指生物处理。污水经过一级处理后进行二级处理，用于去除溶解性有机物，一般可以除去 90% 左右的可被生物分解的有机物，除去 90%~95% 的固体悬浮物。污水二级处理的工艺按 BOD 去除率可分为两类：一类为完全的二级处理，这一工艺可去除 BOD 85%~90%，主要采用活性污泥法；另一类为不完全的二级处理，主要采用高负荷生物滤池等设施，其 BOD 去除率在 75% 左右。污水经过二级处理后，大部分可以达到排放标准，但很难去除污水中的重金属毒性和微生物难以降解的有机物。同时在处理过程中，常使处理水出现磷、氮富营养化现象，甚至有时还会含有病原体微生物等。

三级处理，也称深度处理，是目前污水处理的最高级，主要是将二级处理后的污水，进一步用物理化学方法处理，主要除去可溶性无机物，以及用生物方法难以降解的有机物、矿物质、病原体、氮磷和其他杂质。通过三级处理后的废水可达到工业用水或接近生活用水的水质标准。污水三级处理包括多个处理单元，即除磷、除氮、除有机物、除无机物、除病原体等。三级处理基建费和运行费都很高，是相同规模二级处理厂的2~3倍。因此，三级处理受到经济承受能力的限制。是否进行污水三级处理，采取什么样的处理工艺流程，主要考虑经济条件、处理后污水的具体用途或去向。为了保护下游饮用水源或浴场不受污染，应采取除磷、防毒物、除病原体等处理单元过程，如只为防止受纳污水的水体富营养化，只要采用除磷和氯处理工艺就可以了。如果将处理后的废水直接作为城市饮用以外的生活用水，例如洗衣、清扫、冲洗厕所、喷洒街道和绿化等用水，则要求更多的处理单元过程。污水三级处理厂与相应的输配水管道组合起来，便成为城市的中水道系统。

城市污水处理厂处理深度取决于处理后污水的去向、污水利用情况、经济承受能力和地方水资源条件。如果废水只用于农灌，可只进行一级或二级处理，如果废水排入地面水体，则应依据地域水功能和水质保护目标，规划处理深度；对于水资源短缺，且有经济承受能力的城市可考虑三级处理。城市污水处理厂规模的大小，可视资金条件、地理条件以及城市大小而决定，一般日处理量几万吨到几十万吨，大的几百万吨以上。小污水处理厂的污水处理能力，已远远不适应城市发展和保护环境的需要，与经济建设很不协调，这也是造成中国水环境污染的主要原因。因此控制城市水环境污染，建设城市污水处理系统，对于中国而言势在必行。

# 第七章 水利工程中的水环境与水生态

## 第一节 水环境与水生态的基本关系

### 一、水环境分析

作为地球上分布最广的物质，水是地球环境的重要组成部分。水的总量约为 13.6 亿 km³，覆盖了地球 70.8% 的表面。其中 97.5% 的水是咸水，无法直接饮用。在余下的 2.5% 的淡水中，有 89% 是人类难以利用的极地和高山上的冰川和冰雪。因此，人类能够直接利用的水仅仅占地球总水量的 0.26%。

通过环境学的基本含义可知，某中心事物确定后，与它相关的事物称为环境。水环境是指自然界中水的形成、分布和转化所处空间的环境，是围绕人群空间及可直接或间接影响人类生活和发展的水体，其正常功能的各种自然因素和有关的社会因素的总体；也有的是指相对稳定的、以陆地为边界的天然水域所处空间的环境。水在地球上处于不断循环的动态平衡状态。天然水的基本化学成分和含量，反映了它在不同自然环境循环过程中的原始物理化学性质，是研究水环境中元素存在、迁移和转化及环境质量（或污染程度）与水质评价的基本依据。水环境主要由地表水环境和地下水环境两部分组成。地表水环境包括河流、水库、湖泊、海洋、池塘、沼泽、冰川等，地下水环境包括泉水、浅层地下水、深层地下水等。水环境是构成环境的基本要素之一，是人类社会赖以生存和发展的重要场所，也是受人类干扰和破坏最严重的领域。水环境的污染和破坏已成为当今世界主要的环境问题之一。

根据粗略统计，每年全球陆地降雨量约 9.9 万 km³，蒸发水量约 6.3 万 km³，江河径流量约为 4.3 万 km³，流入海洋的约 3.6 万 km³。从世界范围来说，我国的水资源总量丰富，居世界第 6 位，位于巴西、俄罗斯、加拿大、美国和印度尼西亚之后，约占全球河川径流总量的 5.8%。但是，我国是人口大国，以占世界陆地面积 7% 的土地，生活着占世界

22%的人口，人均水资源量非常少，是世界人均水量的1/4。按1997年人口计算，我国人均水资源量为22 200 m³。预计到2030年，人口增加至16亿时，人均水资源量将降到1760 m³，用水总量将达到7000亿~8000亿 m³/a，人均综合用水量将达到400~500 m³/a。按照国际标准，人均水资源量少于1700 m³时，属于用水紧张的国家。由此可见，我国属于用水紧张的国家，水资源短缺制约着我国经济社会的发展。

我国水汽主要从东南和西南方向输入，水汽出口主要是东部沿海，陆地上空水汽输入量多年平均为18.2万亿 m³，输出总量为15.8万亿 m³，年净输入量为2.4万亿 m³，约占输入总量的13%。输入的水汽在一定条件下凝结，形成降水。我国平均年降水总量为61 889亿 m³，其中的45%转化为水资源，而55%被蒸发散发。降水中的大部分经东北的黑龙江、图们江、绥芬河、鸭绿江、辽河，华北的滦河、海河、黄河，中部的长江、淮河，东南沿海的钱塘江、闽江，华南的珠江，西南的元江、澜沧江以及中国台湾省各河注入太平洋；少部分经怒江和雅鲁藏布江等流入印度洋。降水径流中的一部分还形成水库，还有一部分渗入到地下土壤和岩石孔隙。

我国多年平均年径流量约为27 115亿立方米，是我国水资源的主体，约占我国全部水资源总量的94.4%。但是，我国是最干旱的区域，地表水资源分布极不均匀，南方河多水多，北方河水径流小，西北大部分地区河系稀少，水量非常小。

## 二、水生态解析

水生态是指环境水因子对生物的影响和生物对各种水分条件的适应。生命起源于水中，且一切生物的重要组分是水。生物体不断地与环境进行水分交换，环境中水的质（盐度）和量是决定生物分布、种类的组成和数量，以及生活方式的重要因素，生物体内必须保持足够的水分：在细胞水平要保证生化过程的顺利进行，在整体水平要保证体内物质循环的正常运转。

地球水循环发生重大变化是生物的出现。土壤及其中的腐殖质大量持水，而蒸腾作用将根系所及范围内的水分直接送回空中，这就大大减少了返回湖海的径流。这使大部水分局限在小范围地区内循环，从而改变了气候和减少水土流失。因此，不仅农业、林业、渔业等领域重视水生态的研究，从人类环境的角度出发，水生态也日益受到更普遍的重视。太阳辐射能和液态水的存在是地球上出现生命的两个重要条件。水之所以重要，首先是因为水是生命组织的必要组分；呼吸和光合作用两大生命过程都有水分子直接参与；蛋白质、核糖核酸、多糖和脂肪都是由小分子脱水聚合而成的大分子，并与水分子结合形成胶体状态的大分子，分解时也必须加入相应的水（水解作用）。

## （一）水的物理化学特性

水具备一些对生命活动有重要意义的物理化学（理化）特性。

水分子具有极性，所以能吸引其他极性分子，有时甚至能使后者离子化。因此，电解质的良好溶剂是水，携带营养物质进出机体的主要介质也是水，各种生化变化也大都在体液中进行。

因水分子具有极性，彼此互相吸引，所以要将水的温度（水分子不规则动能的外部表现）提高一定数值，所要加入的热量多于其他物质在温度升高同样数值时所需的热量。这点对生物的生存是有意义的。正因水的比热大，生物体内化学变化放出的热便不致使体温骤升超过上限，而外界温度下降时也不会使体温骤降以致低于下限。水分蒸发所需的热量更大，因此植物的蒸腾作用和恒温动物的发汗或喘气，就成为高温环境中机体散热的主要措施。

水分子的内聚力大，因此水也表现出很高的表面张力。地下水能借毛细管作用沿土壤颗粒间隙上升；经根吸入的水分在蒸腾作用的带动下能沿树干导管升至顶端，可高达几十米；一些小昆虫甚至能在水面上行走。

水还能传导机械力。植物借膨压变化开合气孔或舒缩花器和叶片；水母和乌贼靠喷水前进；蠕虫的体液实际是一种液压骨骼，躯干肌肉施力其上而向前蠕行。

水中绿色植物生存的必要条件是水的透明度。

冰的比重小于液态水，因此在水面结成冰层时水生生物仍可在下面生活。否则气温低于 0 ℃时，结成的冰沉积底部，便影响水生生物的生存。

水在陆地上的分布很不均匀，许多地区降雨量相差悬殊，而且局部气温也影响水分的利用。气温过高则水分的蒸发和蒸腾量可能大于降雨量，造成干旱；气温过低则土壤水分冻结，植物不能吸收，也形成生理性干旱。如果水中所含矿质浓度过高（高渗溶液），植物也不能吸收，甚至会将植物体液反吸出来，同样形成生理性干旱。海水中氧气、光照和一般营养物质都较陆地贫乏，这些是决定海洋生物分布的主要因子，但生物进化到陆地上，水却又变成影响生物分布的主要生态因子。降雨量由森林经草原到荒漠逐渐减少，生物也越来越稀少。

## （二）植物与水分

关于植物与水分可以从以下三个方面来概述：

## 1. 土壤水

组合到植物体内的水体积与通过植物蒸发的量相比是极小的。有机体内进行代谢反应的必需条件是水合作用；水是介质，代谢反应发生在其中。对于陆生植物，水主要来源于土壤，土壤起了蓄水池的作用。当下雨或雪融化时，水进入蓄水池，并流进土壤孔隙。土壤水不是总能够被植物所利用。这取决于土壤孔隙的大小，土壤孔隙储水是通过毛细管作用力抗地心引力。如果孔隙宽，像在沙质土壤中，大量的水向下排走，穿过土壤剖面直到它到达不能渗透的岩石，然后积聚成为一个上升的水平面，或者排走，最后进入溪流或江河。土壤的田间持水量就是通过土壤孔隙抗重力所蓄积的水。田间持水量是土壤储水能力的上限，为植物生长提供可利用的资源。其下限是由植物竭尽全力从很窄的土壤孔隙中吸取水的能力所决定的，称作永久萎蔫点——土壤水含量在这个点上，植物枯死，不能恢复。在植物物种间，在永久萎蔫点上土壤水含量在植物物种间没有明显的差异。土壤溶液中的溶质增加了属于毛细管作用力的渗透力，植物从土壤吸水时，吸水力和渗透力必须匹配。这些渗透力在干旱环境的盐溶液中变得更重要。此时，大量的水从土壤到大气向上移动，盐升到表面，并在表土富集形成积盐。

## 2. 根对水的吸收

根从土壤中捕获水有两种方式。水可能穿过土壤向根移动，或者根生长穿过土壤向水移动。当根的表面从土壤孔隙吸取水时，在它的周围产生了水耗竭区。这成为互相连接的土壤孔隙间水的潜在梯度的决定性因素。水在这些毛管孔隙中流动，按照梯度流进已耗竭的空隙，更进一步地给根供水。然后水穿过根的表皮进入植物，并越过皮质部，进入中柱，最后流进木质部导管到达茎轴系统。水从根到茎和叶的运输是由压力驱动的。这个简单过程的形成是很复杂的，因为根周围的土壤水耗竭越多，水流动的阻力越大。当根开始从土壤中吸水时，首先得到的水来自较宽的空隙中，这是由于这些空隙的水具有较弱毛细作用力，余留下能够流动水的是较窄的毛管孔隙，因而增加了水流的阻力。因此，当根从土壤中迅速吸水时，资源耗竭区急剧地形成，水只能很慢地穿过它移动。这个原因导致迅速蒸发的植物在含有丰富水的土壤中也有可能枯萎。穿过土壤的根系分支的精细度和程度，在决定植物接近土壤储水上是重要的。这意味着同一个根系的不同部分在土壤中进一步向下走时，可能遇到具有不同力的水。在干燥地区偶然降雨时，土壤的表层可能达到了田间，下层处于或低于萎蔫点。这是潜在的危险，因雨后植苗在潮湿的土表中可能生长，但土质不能支持它进一步生长。生活在这样栖息地的物种，出现了各种特殊适应的休眠终止机制，防止它们对不足的雨水有过快的反应。

分支根生长通常出现在主根的半径范围内，次生根从这些初级根上辐射生长，三级根从次生根上辐射生长。这些生长规律最大地探测了土壤，从而阻止两类分支根相互进入耗竭区的偶然性。植物在它的发育过程中，早期生长的根系能够决定它对未来事件作出的响应。发育早期被水浸泡过的植物，具有浅薄的根系，此根系的生长受到抑制，不能进入缺氧的、充满水的土壤部分。由于它们的根系没有生长到更深的土壤层，在短期供水的季节之后，这些植物可能遭受干旱。在主要供水来自偶然降雨的干燥环境中，生长了早期直根系统的植苗，它们几乎没有从随后而来的阵雨中得到水。相反，在有一些大阵雨的环境中，直根系统的早期发育将确保在干旱期能继续接近水。根吸收水的效力，部分应归于在发育过程中根适应的能力。这和茎轴的发育成明显的对比。

### 3. 水生植物与水

在淡水或咸淡水栖息地，水通过渗透作用从环境进入植物体内。在海洋环境中，一般植物与海水环境是等渗的，因而不存在渗透压调节问题。然而，在这个环境中有些植物是低渗透性的，以致水从植物中流出来进入环境，使它们与陆地植物处于相似的状态。因此，体内液体的调节对很多水生植物来说，是生死攸关的事情，这经常是耗能的过程。水生环境的盐度对植物的分布和梯度可能有重要的影响，特别是像河口这样的地方，在位于海洋和淡水栖息地之间有一个明显的梯度。

盐度对沿海陆地栖息地中的植物分布有重要的影响。植物物种对盐度的敏感性有很大的差异。鳄梨树对低盐浓度敏感（$20 \sim 50$ mol/L），而某些红树林能够耐受 $10 \sim 20$ 倍大的盐浓度。这些植物物种在它们的土壤溶液中遇到的是高渗透压，因而面对的是摄取水的问题。很多这样的盐生植物在它们的液泡中累积些电解质，但在细胞质和细胞器中，这些浓度是低的。这些植物以这种方式维持了高渗透压，从而避免了受损伤。

## （三）动物与水平衡

在动物水生态方面，水生动物的呼吸器官经常暴露在高渗或低渗水体中，会丢失或吸收水分；陆地动物排泄含氮废物时也总要伴随一定的水分丢失；而恒温动物在高温环境中主要靠蒸发散热来保持恒温，这些都要通过水代谢来调节。

大多数无脊椎动物的体液渗透势随环境水体而变，只是具体离子的浓度有所差异。其他水生动物特别是鱼类，其体液渗透势不随环境变化。海生软骨鱼血液中的盐分并无特殊，但却保留较高浓度的尿素，因而维持着略高于海水的渗透势。它们既要通过肾保留尿素，又要通过肾和直肠腺排出多余的盐分。之所以不存在失水的问题，是因为渗透势较海水略高。海生硬骨鱼体内盐分及渗透势均低于海水。其体表特别是鳃，透水也透离子，一方面是渗透失水，另一方面离子也会进入。海生硬骨鱼大量饮海水，然后借鳃膜上的氯细胞将氯及钠离子排出。淡水软骨鱼的体液渗透势高于环境，其体表透水性极小，但不断有水经鳃流入。它靠肾脏排出大量低浓度尿液，并经鳃主动摄入盐分，来维持体液的相对高渗。某些溯河鱼和逆河鱼出入于海水和淡水之间，其鳃部能随环境的变动由主动地摄入变为主动地排出离子，或反之。

具有湿润皮肤的动物（如蚯蚓、蛞蝓和蛙类）经常生活于潮湿环境，当暴露于干燥空气中时会经皮肤迅速失水。在陆地上最丰富的动物应属节肢动物中的昆虫、蜘蛛、多足纲和脊椎动物中的爬行类、鸟类、哺乳类。昆虫、蜘蛛的肤质外皮上覆有蜡质，可防蒸发失水，含有尿酸的尿液排至直肠后水分又被吸回体内，尿酸以结晶状态排出体外。它们在干燥环境中可能无水可饮，主要水源是食物内含水及食物氧化水。某些陆生昆虫甚至能直接自空气中吸取水分。很多爬行动物栖居干旱地区，它们的外皮虽然干燥并覆有鳞片，但经皮蒸发失水的数量仍远多于呼吸道的失水。它们主要靠行为来摄水和节水，例如，栖居于潮湿地区，包括荒漠地区的地下洞穴。爬行类和鸟类均以尿酸形式排出含氮废物，尿酸难溶，排出时需尿液极少，从而减少失水。除某些哺乳动物为降温而排汗外，鸟和哺乳类的失水主要通过呼吸道。某些动物的鼻腔长，呼气时水分再度凝结在温度较低的外端的鼻腔壁上。它们也主要靠行为来节水，这包括躲避炎热环境。

## 三、河流生态系统

自然生态系统各式各样，是受地理位置、气候及下垫面的影响，一般来说，河流生态是水生态的一种，了解河流生态的特点及其生态结构对于流域治理有重要意义。

在地球上散布着大小、方圆、深浅不一的淡水水域，面积共约 4500 万 $km^2$，只占水域总面积的 2%~3%。虽然面积不大，但它在整个生物圈中占有重要的地位。自古以来，人类傍水而居，世代相传，淡水生态系统通常是相互隔离的，它包括湖泊、池塘、河流等。流水生态系统又可进一步分为急流的和缓流的两类。急流的水中含氧量高，水底没有污泥，以防止被水冲走。

流水生态是河流生态系统的特点。河水流速比较快，冲刷作用比较强。生物为了在流水中生存，在形体结构上相应地进化。河流中存在不同类型的介质，包括水本身、底泥、大型水生植物和石头等，从而为不同类型的生物提供了栖息场所。河流中的杂物、碎屑等提供了初级的食物，河流生物的多样性就是这些基本条件造就的。

　　河流生态系统另一个显著的特点是其很强的自我净化作用。河流流水的特点使得河流复氧能力非常强，能够使河流中的各种物质得到比较迅速的降解；河流的流水特点也使得河流稀释和更新的能力特别强，一旦切断污染源，被破坏的生态系统能够在短时间内得到自我恢复，从而维持整个生态系统的平衡。

## （一）大型水生植物

　　大型水生植物分为两类：一类是浮游类，另一类是根生类。最常见的是水草，有根生且全部淹没在流水中的水草；有根生但是叶子漂浮在水面，常出现于浅水河流的水草；也有完全悬浮漂游的水草，常见于流动比较缓慢的河流。其他主要的植物包括苔藓、地衣和地线。这些植物虽然没有根，但是长有头发状的根须（类似于根），能够渗透缠绕在河床石头的裂缝隙之间，以适应流水环境。

## （二）微型植物

　　藻类是最常见的微型植物，单体肉眼看不到，一般在 $1\sim300\ \mu m$，生长机制比较简单，但是形态特征多种多样。藻类能够生长在任何适合生长的地方，可以附着在河床石头等介质，可以附着在桥墩、电缆和船舶外等，甚至能够附着大型植物表面，呈现单体、线状或者片状等。由于流水比较急，藻类无法像在水库静态水体中那样进行迅速繁殖而形成"水华"。即使偶尔发现一些，也是曾经附着而受冲刷作用脱落下来的。河流中一些动物的食物来源是藻类。

## （三）河流动物

　　河流动物主要包括软体动物、蠕动动物、甲壳类动物、昆虫、鱼类等以及微型动物，微型动物主要是原生动物，以腐生细菌和腐生物质为食物。河流动物的形体一般呈现流线型，以尽量减小流水中的阻力；有的生物具有吸盘状或者钩状的结构，能够附着在光滑的石头表面。

## （四）细菌和真菌

　　细菌和真菌微生物生长在河流中的任何地方，包括水流、河床底泥、石头和植物表面等。细菌和真菌在河流中起着分解者的角色，将死亡的生物体进行分解，维持自然生态循环。河流有各种自养微生物，主要的自养细菌包括铁细菌、硫细菌、硝化和反硝化细菌等。

### （五）河岸生态

河流生态的重要组成部分是河岸生态。河岸植被包括乔木、灌丛、草被和森林等。两岸植被能够阻截雨滴溅蚀，减小径流沟蚀，有提高地表水渗透效率和固定土壤等作用，从而大幅度减少水土流失。一般来说，当植被覆盖率达到50%～70%，就能够有效地减少水流侵蚀和减少土壤流失；当植被覆盖率达到90%以上，水土就能够完全控制住了。另一方面，茂盛的岸边植被保护了河岸，但是可能为河床的下切创造了条件。在河床本身，如果生长有植物，例如，被树干壅塞，则可能加强河水的侧蚀作用，使河流变宽，以致逐渐消亡。

如果植被减少，则河水的侵蚀和搬运能力显著加强，水系上游的侵蚀程度增大，而在中游和下游的泥沙堆积随之增加。河床的泥沙堆积还可能导致地下水水位下降，从而影响中下游河流附近的植被生存，严重时导致植被破坏。为河中的鱼类提供隐蔽所和食饵的主要是岸边的树木植被。

## 四、水环境与水生态的关系

要弄清楚水环境与水生态的关系，关键要介绍生物体水分平衡机理。生物体内必须保持足够的水分，在细胞水平上要保证生化过程的顺利进行，在整体水平上要保证体内物质循环的正常运转。而且，水分与溶质质点数目间必须维持恰当比值（渗透势），因为细胞内外的水分分布是由渗透势决定的。在多细胞动物中，细胞内缺水将影响细胞代谢，细胞外缺水则影响整体循环功能。

生物体内的水分平衡取决于摄入量和排出量之比。生物受水分收支波动的影响还与体内水分存储量有关；同样的收支差额对存储量不同的生物影响不同：存储量较大的受影响较小，反之则较大。对水生生物来说，水介质的盐度与体液浓度之比，决定水分进出体表的自然趋向。如果生物主动地逆浓度梯度摄入或排出水分，就要消耗能量，而且需要特殊的吸收或排泄机制。对陆地生物来说，空气的相对湿度决定蒸发的趋势，但液体排泄大都是主动过程。大多数生物的体表不全透水，特别是高等生物，大部分体表透水程度很差，只保留几个特殊部分作为通道。植物通过地下根吸水，叶面气孔则是蒸腾失水的主要部位，它的开合可调节植物体内的水量。而高等动物，饮水则是受神经系统控制的意识行为，水与食物同经消化道进入体内，水和废物主要经泌尿系统排出。其他营养物质出入的途径是生物体的某些水通道，例如，光合作用所需 $CO_2$，也经叶面气孔摄入，因此光合作用常伴有失水。相比之下，陆地动物呼吸道较长，进出气往复运动，这使一部分水汽重复凝集于管道内。不过水生动物的鳃却经常暴露在水中，在高渗海水中倾向失水，在淡水中则摄入大量水分。

研究表明，生物发源于水，志留纪以后，先后进化到陆地上来的是植物和动物，水分相对短缺是它们上陆后面临的首要问题。低等植物的受精过程一部分要在水中进行，因此它们只能生长在潮湿多水的地区。高等植物有复杂的根系可从土壤中吸水，有连续的输导组织向枝干供水，传粉机制出现后受精过程可以不用水为媒介。但与动物相比，植物仍有不利处，因为大气中仅含 0.03% 的 $CO_2$（0.23 mmHg），它经气孔向内扩散的势差极小，而水分向外扩散的势差却比它大百多倍（24 mmHg），所以植物进行光合作用吸收 $CO_2$ 时经常伴有大量的水分丢失。动物呼吸时，外界空气含 21% 的氧（159 mmHg），氧气经气孔向内扩散的势差比水分向外的势差大 6 倍多，因此动物呼吸时的失水问题较小。很多昆虫的幼虫仍栖息在水中，两栖类的幼体也仅生活于水体内。不过，陆生动物的体内受精解决了精卵结合需要液体环境的问题。动物还可借行为来适应环境，包括寻找水源、躲避日晒以减少失水等。总之，植物水分生态和动物水分生态不仅有共性，还各有特点。

由此可见，水环境与水生态的关系体现在两个方面：一方面是生态系统的生态环境功能，另一方面是水资源对生态系统的重要作用。生态系统的生态环境功能包括：①涵养水源；②调蓄洪水；③保育土壤，防止自然力侵蚀；④调节气候；⑤降解污染；⑥有机物质的生产。水资源对生态系统的重要作用体现在：①水资源对陆地自然植被的重要性；②水资源对湿地生态系统的重要性。

# 第二节　水利工程条件下的河道污染物的迁移转化

## 一、概述

河流生态比较容易受到外来污染的影响，是因为河水的流动特性，一旦发生污染，很容易波及整个流域。河流生态被污染以后的后果比较严重，会影响周围陆地的生态，影响周围地下水的生态，影响流域水库的生态，也会影响其下游河口、海湾、海洋的生态系统。因此河流生态系统的污染，其危害远比水库等静态水体大。

河流污染来源主要包括：①工业化造成的，工业化过程需要大量的水，而水将大量污染物质带入河流；②城镇生活，初期城镇功能不完善，大量雨水、生活污水和垃圾进入河流，导致河流的污染；③农业使用大量农药和化肥，现代农业开发也导致河流污染等，大量化肥流入可能导致河道植物大量生长，导致水体富营养化，农药则可能对水生生物造成短期和长期的危害，污染还包括牲畜养殖屠宰等粪便、污水、垃圾等；④水库高位蓄水与电厂循环水可能造成水温污染。

## 二、泥沙对污染物的传输

河水中大部分污染物都与胶体和颗粒物结合在一起，结合率通常大于50%，所以，决定河水系统中的污染物分布和归宿的一个主要控制机制是吸附作用。吸附作用也涉及其他的化学过程，例如，沉淀、共沉淀、凝聚、絮凝、胶化和表面络合等。

河流能够挟带大量的泥沙和溶解性物质，进行远距离搬运输送。泥沙和溶解物质的产生和搬运的特征可以归纳为大小、时间、历时和频率等方面。洪水对泥沙的作用是突发性的，一次洪水在几天之内所输送的泥沙可能超过几年内所输送的泥沙数量。

对河流污染物的传输起着决定性的作用是悬移式泥沙。细颗粒的泥沙吸附能力比较强，能够吸附大量有机污染物和营养盐。细颗粒的泥沙容易随着河水传输比较远的距离。因此，一个颗粒实际输运迁移的距离是非常重要的信息，但是受许多因素的影响，细小悬浮颗粒的平均输送距离是 10 000 m/a，沙子是 1000 m/a，卵石是 100 m/a。

河底积泥也对污染的储存、迁移和转化起着重要的作用，而且受许多因素的影响，包括外在因素和内部因素。外在因素包括流域地质条件、地貌、土壤类型、气候变化、土地开发，以及河流管理调度等。内部因素包括颗粒尺寸、河床结构、河岸材料、植被特征、河边植被、河谷坡度、河道形态、沉积泥沙的形态。

尽管沉积物也迁移输送，但相对来说，沉积物处于沉降状态的时间比其迁移的时间长得多。因此，在长期暴露或者发生风化以及生物作用下，与沉积物结合的污染物可能会释放进入环境。

## 三、有机物的迁移转化

有机物的变化有很多，包括浓度变化、沿程动态变化、输送特征、流动通量，以及与流域面积的关系等。有机物作为载体和配位体，对许多无机污染物和有毒有害有机物的输送迁移起着重要的作用。有机污染物与沉积物颗粒之间存在一个动态相互作用关系，主要包括分配过程、物理吸附和化学吸附过程等，从水相转移至沉积物固相中。当水体条件发生改变时，例如，化学条件或者生物反应，沉积物相的有机物可能重新释放进入水相，造成二次污染。降雨能够导致河流有机物含量增加：①降水通过地表漫流将地表污染物冲刷进入河流；②降水径流形成侧向淋溶将土壤表层的水溶性有机物冲进河道。尽管河水对河流具有一定的稀释作用，但在大多数情况下，有机物浓度都呈升高变化，尤其在每年的前几场降雨期间，有机物负荷比较大。有机物在水体与沉积物之间的平衡关系通常采用分配系数表示如下：

$$K_d = \frac{C_s}{C_l} \tag{7-1}$$

式中：$K_d$ ——有机物分配系数；

　　$C_s$ ——有机物在固相沉积物中的浓度；

　　$C_l$ ——有机物在水相中的平衡浓度。

由于有机物的吸附分配主要受有机质的含量控制，设有机质含量用 $OC$ 表示，则有机污染物分配系数表示为

$$K_{OC} = \frac{K_d}{f_{OC}} \tag{7-2}$$

其中 $K_{OC}$ 和 $f_{OC}$ 都以有机碳为质量单位。

有机污染物的分配系数可以通过摇瓶实验法直接测定，或者通过其与有机物辛醇–水分配系数（$K_{OW}$）的相关关系进行估算，金相灿通过研究获得如下关系式：

$$\lg K_{OC} = 0.944 \lg K_{OW} - 0.485 \tag{7-3}$$

其中辛醇–水分配系数 $K_{OW}$ 部能够从常见的化合物手册中查得。

有机物被微生物降解分为两种状态，一种是在好氧状态下，另一种是在厌氧状态下。在好氧状态下，有机物会被好氧微生物逐渐降解，分解转化为无机物。降解过程要消耗水中的溶解氧。如果水复氧速率小于氧的消耗速率，则水体中溶解氧将逐渐降低。当溶解氧耗尽后，水体将转为厌氧状态。在厌氧状态下，有机污染物受厌氧微生物作用，转化产生有机酸、甲烷、二氧化碳、氨、硫化氢等物质，这些化学物质导致河流水体变黑变臭。

## 四、河床底泥化学变化过程

污染物的载体是河流底泥，被吸附的污染物在条件改变后可能重新释放，因此又是重要的内源性污染物源。底泥污染直接影响底栖生物质量，从而间接影响整个生物食物链系统。

沉积物与污染物、例如，重金属、有毒有机物和氮磷化合物等在固水两相界面进行着一系列的迁移转化过程，例如，吸附—解吸作用、沉淀—溶解作用、分配—溶解作用、络

合—解络作用、离子交换作用以及氧化还原作用等，其他过程还包括生物降解、生物富集和金属甲基化或者乙基化作用等。

底泥主要由矿物成分、有机组分和流动相组成。矿物成分主要是各种金属盐和氧化物的混合物；有机组分主要是天然有机物，例如，腐殖质和其他有机物等；流动相主要是水或者气。发挥着最为重要的作用是沉积物中的自然胶体，它们是黏土矿物、有机质、活性金属水合氧化物和二氧化硅的混合物。

有机质性的沉积物具有对重金属、有机污染物等进行吸附、分配和络合作用的活性作用。有机质中的主要成分是腐殖质，占 70%~80%。腐殖质是由动植物残体通过化学和生物降解以及微生物的合成作用形成的。腐殖质以外的 20%~30% 的有机质主要是蛋白质类物质、多糖、脂肪酸和烷烃等。

腐殖质化学结构主要是羧基（-COOH）和羟基（-OH）取代的芳香烃结构，其他烷烃、脂肪酸、碳水化合物和含氮化合物结构都直接或者通过氢键间接与芳香烃结构相连接，没有固定的结构式。腐殖质能够通过离子交换、表面吸附、螯合、胶溶和絮凝等作用，与各种金属离子、氧化物、氢氧化物、矿物和各种有机化合物等发生作用。

有机质虽然只占沉积物的很小一部分，约 2%，但是，从表面积来看，有机质占据了约 90%。因此，有机质在沉积物与周围环境的离子、有机物和微生物等相互作用中起着主要的作用。例如，氧化铝颗粒吸附有机质后，其等电点 pH 值从 9 下降至 5 左右，这说明沉积物表面的负电荷与有机质的阴离子基团相关。

# 五、重金属离子污染物

重金属离子对河流生态影响比较大，因为它们具有比较强的生态毒性。重金属离子的来源主要有：①地质自然风化作用；②矿山开采排放的废水和尾矿；③金属冶炼和化工过程排放的废水；④垃圾渗滤液等。

重金属在沉积物中主要以可交换态、有机质结合态、碳酸盐结合态、（铁、锰和铝）氧化物结合态以及其他形式存在。重金属离子在输送过程中存在着几个过程：吸附与解吸、凝聚与沉积、溶解与沉积等。计算输送通量时，要考虑具体过程和对应边界条件。

水体中的金属离子以多种形态存在。研究表明，黄河中重金属 99.6% 的以颗粒态存在。颗粒形态对重金属有影响，颗粒粒径分为大于 50 μm、大于 32 μm、大于 16 μm、大于 8 μm、大于 4 μm、小于 4 μm 等，结果表明，颗粒粒径越小，金属含量越大，大于 50% 的重金属吸附小于 4 μm 的颗粒表面上。

　　重金属在沉积物和土壤中一个非常重要的迁移转化过程是吸附—解吸。大量研究表明，当重金属浓度比较高时，金属的沉淀和溶解作用是主要的；而在浓度比较低时，吸附作用是金属污染物由水相转为固相沉积物的重要途径之一，此时，金属污染物在水体中溶解态浓度往往很低。各种环境因素，例如，pH 值、温度、离子强度、氧化还原电位和土壤沉积物粒径及有机质含量等会不同程度地影响重金属的吸附和解吸过程。尤其是有机质，对重金属的吸附产生重大影响，是由于其分子含有各种官能团。

　　根据情况，重金属的吸附—解吸过程可以分别利用以下两种模型进行定量描述。

Langmuir 模型：

$$\frac{x}{m} = \frac{bKC}{1 + KC} \tag{7-4}$$

Freundlich 模型：

$$\frac{x}{m} = KC^n \tag{7-5}$$

式中：$\dfrac{x}{m}$ ——单位沉积物的吸附量；

　　　$b$ ——饱和吸附量；

　　　$K$ ——吸附系数；

　　　$C$ ——平衡浓度；

　　　$n$ ——吸附指数。

　　重金属污染物进入天然河流水体后，很快迁移至底泥沉积物中。因此，重金属污染物在河流中迁移输送的主要载体和主要归宿是底泥。悬浮物粒度越细，输送距离越长。不同深度的底泥中其重金属含量不同，其分布曲线能够反映重金属污染和积累的历史。

　　重金属离子在一定条件下，能够从底泥中重新释放出来。在重金属从底泥释放过程中，主要是生物氧化还原反应和有机物络合反应，同时伴随着各种类型的生物化学反应。微生物在厌氧—兼氧—好氧状态之间进行转换，导致重金属离子氧化还原状态发生变化，由沉淀状态转化为溶解状态；同时，厌氧过程产生具有比较强的络合能力的有机物酸分子，pH 值下降，氢氧化物重新溶解；另外，有机酸通过络合作用使非溶解态的重金属离子转变为溶解性的形式。微生物还能够直接以金属离子为电子共体或者受体，改变重金属离子的氧化还原状态，导致其释放。释放出来的金属离子，在一定条件下，重新进行氧化、络合、吸附凝聚和共沉淀等，从而使溶解态的重金属离子浓度再度下降。因此，在释放过程中，水相存在重金属离子的浓度峰值，重金属离子的释放浓度由低逐渐升高然后再由高逐渐降低，直至达到平衡。其他因素，例如，水力学冲刷、底泥疏浚，以及某些地区发生的酸沉降等都会不同程度地影响重金属离子的形态和转化。

## 六、河流活性金属元素铁的变化

铁和锰称为河流中活性金属元素，其浓度随着河流条件变化而变化，通常在雨季流量比较大，而在旱季流量比较小。在高流量情况下，溶解氧浓度比较高，铁浓度比较低，但含量比较高。例如，洪水季节，河流中铁的含量甚至占一年中的65%以上，而且主要由腐殖质所挟带。由于底泥中的富含铁的孔隙水溢流出来，河水中铁的浓度在旱季比较高。

铁在含氧水中主要由腐殖质所挟带。铁倾向于与溶解性的高分子相结合。在天然水中，铁离子的浓度通常是非常低的。但是，水中溶解性的三价铁离子浓度比根据溶解平衡所预测的高许多，这主要是由于三价铁和有机物形成有机络合物所致。有机物含有羧基和羟基官能团，能与铁络合。除增加溶解性铁的浓度外，这些络合物还可能抑制铁氧化物的形成和铁与磷之间的反应。这些都会影响铁和与铁相关的微量金属和磷的浓度、反应活性和迁移过程。

在底泥孔隙中，以厌氧状态为主，铁离子主要以亚铁离子形式存在。而好氧/厌氧边界区接近于底泥表面，尽管是一个比较薄的层区，却是有机铁胶体形成的最重要的地方，也是物质化学转换和循环的关键地方。

当然，有机铁中的铁含量也可以影响到有机物。铁在细菌分解代谢有机物过程中发挥着重要的作用。有机铁络合物也容易吸收紫外光而发生光化学反应，较高的含铁量也能够促进腐殖质的絮凝和沉淀，后者被认为是河床截留有机物的一个主要途径。因此，关于有机铁胶体的形成、迁移和归宿方面尚需要更多更深入的研究。

影响着河水和河底积泥孔隙水中的铁及其他物质浓度的也有微生物，微生物的活性在温度比较高的夏季达到高峰。此时，河床中有机物被氧化，同时消耗了底泥中的溶解氧，导致厌氧状态，引起铁氧化物和锰氧化物的离解。在冬季，温度比较低，细菌活性降低，底泥重新回到氧化状态。

尽管河底积泥主要来自河水中悬浮物质的沉淀，但是，铁在积泥的含量可能与悬浮物质中铁含量差别很大，主要是由于水生植物和微生物的生长和代谢分解，以及不溶物质的进一步沉淀和一些物质的离解等所致。

# 七、营养盐的累积输送和释放

磷在沉积物中主要有两种存在方式，一种是无机态磷，另一种是有机态磷，无机磷主要包括钙、镁、铁、铝形式的盐，有机磷主要是以核酸、核素以及磷脂等为主，此外还有少量吸附态和交换态的磷。磷的形态影响到磷的释放特性和生物有效性。在河流水体中，一般以铁磷浓度比较高，钙磷浓度其次，钼磷浓度最低。沉积物中磷和氮化合物的迁移转化过程主要包括各种化学反应和物理沉淀过程，反应包括吸附、生物分解和溶出过程，物理过程主要是沉淀、分配和扩散等过程。磷迁移的载体、沉积的归宿和转化的起点是沉积物。

我国在滇池的监测表明：①6~9 月的降雨量占全年降雨总量的 70%~75%；②绝大部分污染物包括 $BOD_5$、COD、氨氮、泥沙等是径流负荷总量的 85%~89%，可溶性的磷占 65%，暴雨期间，径流侵蚀非常严重，磷的浓度是平时的 100 倍以上；③滇池周围泥沙挟带大量氮和磷，总氮的平均浓度为 1.47 kg/t，占径流总氮的 22%，泥沙挟带的总磷的平均浓度是 0.7 kg/t，占径流总磷的 66%。大部分由洪水输出的磷为颗粒状态，占 80% 以上。

胶体表面的正电荷金属阳离子，例如，钙、铝和铁离子与溶液中各种磷酸根结合形成不溶性的盐沉淀吸附在颗粒表面，是沉积物从水中吸附可溶性磷酸盐和多磷酸盐的主要机制。被吸附的磷和氮以悬浮物的形式长途输送，并沉淀在水库水体中。

但是，水体环境发生变化时，积累在沉积物的氮和磷会重新释放出来，加剧水体富营养化现象。氮和磷释放的机制是有区别的，氮的释放主要与沉积物表面的生物降解反应程度相关，含氮有机物被微生物分解为氨态氮，或者在好氧条件下转变成为硝酸态氮。而磷的释放取决于不溶性磷酸盐（主要是钙盐、铝盐和铁盐）重新溶解的环境条件，一旦条件具备，磷就开始释放。厌氧环境能够促进磷的释放，尤其是当铁盐是主要成分时，厌氧磷释放速率可以达到好氧条件磷释放的 10 倍以上。而对于铝盐，pH 值的影响是主要原因。磷酸根释放的原因是过低的 pH 值将促使铝盐溶解。钙盐态的磷虽然不容易释放，但是可以通过植物本身的吸附转化和代谢而被吸收和释放，同样可能促进水体的富营养化。

从河床沉积物中被释放出来的营养盐首先进入沉积物的孔隙水，然后逐渐扩散至沉积物与水的交界面，进而向水体其他部分混合扩散。河床积泥孔隙水的成分与河水流量有关。在河水流量比较高时，孔隙水与河水交换速度快，孔隙水中各种物质的浓度与其他季节相比较低。在小河中，河底积泥孔隙水在较短的时间内与河水达到平衡。河底积泥孔隙水成分与河床组成和形态有关。因此，水体的扰动能够加快营养盐的扩散过程。孔隙水也受到地下水的影响。在旱季，可能变为河水补给的主要源泉是地下水。

# 第三节　生物多样性及水利工程生态学效应

## 一、生物多样性

生物多样性有四个方面，包括遗传基因的多样性、生物物种的多样性、生态系统的多样性以及生态景观的多样性。生态系统的多样性主要包括地球上生态系统组成、功能的多样性以及各种生态过程的多样性，生境的多样性、生物群落和生态过程的多样化等多个方面。其中，生态系统多样性形成的基础是生境的多样性，生物群落的多样化可以反映生态系统类型的多样性。由此可见，生物多样性是指一定范围内多种多样的有机体（动物、植物、微生物）有规律地结合所构成稳定的生态综合体。随着全球物种灭绝速度的加快，物种丧失可能带来的生态学后果备受人们关注，当前生态学领域内的一个重大科学问题是生物多样性与生态系统功能的关系。大量实验结果表明，多样性导致更高的群落生产力、更高的系统稳定性和更高的抗入侵能力。但是对生物多样性的形成机制目前国际上尚无统一的认识，有关生物多样性形成机制的相关理论研究基本上还处在提出假设并对假设进行论证阶段。

20 世纪 90 年代起开始采用理论、观察和实验等综合手段对生物多样性开展系统的研究。进入 21 世纪以来，关注的重点主要集中在以下几个方面：

①长时间尺度上的物种多样性-生态系统功能关系。

②非生物因素与多样性-生产力的交互关系。

③营养级相互作用对于多样性-生态系统功能关系的影响。

④物种共存机制在多样性-生态系统功能关系形成中的作用。

由于生态效应的长期性，针对以上四方面问题所开展的研究要取得重大突破还有赖于观测资料的长期积累。

河流生态系统指河流水体的生态系统，属流水生态系统的一种，是陆地与海洋联系的纽带，在生物圈的物质循环中起着主要作用。河流生态系统水的持续流动性，使其中溶解氧比较充足，层次分化不明显。主要具有以下特点：

①具有纵向成带现象，但物种的纵向替换并不是均匀的连续变化，特殊种群可以在整个河流中再出现。

②生物大多具有适应急流生境的特殊形态结构。表现在浮游生物较少，底栖生物多具有体形扁平、流线性型等形态或吸盘结构，适应性强的鱼类和微生物丰富。

③与其他生态系统的相互制约关系非常复杂，表现在两方面。一方面表现为气候、植被以及人为干扰强度等对河流生态系统都有较大影响；另一方面表现为河流生态系统明显影响沿海（尤其河口、海湾）生态系统的形成和演化。

④自净能力强，受干扰后恢复速度较快。生态效应的逐渐显现使水利工程的长期生态环境影响受到高度重视。

## 二、水利工程的生态效应

水利工程包含防洪工程、灌溉工程、输水引水工程、水力发电工程等，但最多且有代表性的是筑坝蓄水以进行防洪、灌溉和发电的工程。水利工程产生的生态效应主要体现在两个方面：一方面是对水生态系统中的环境产生影响，另一方面是对水生态系统中的生物产生影响。这两方面的影响既有正面影响，也有负面影响。

### （一）环境效应

水利工程建设和运行将会形成三方面的效应，分别是水文效应、湖沼效应和社会效应。由此产生水生物栖息地的直接改变和水文、水力学要素等方面的变化以及上述变化所导致的对环境的间接影响等。

#### 1. 水文效应

在河流上筑坝截水，一方面，可以改变洪水状况，削减洪峰，降低下游洪水威胁，保障人民的生命财产安全；但另一方面也会改变河流的水文状况和水力学条件，从而导致季节性断流，或增加局部河段淤积，或使河口泥沙减少而加剧侵蚀，或咸水上溯，污染物滞流，水质也会因此而有所改变。

#### 2. 湖沼效应

筑坝蓄水形成人工湖泊，会发生一系列湖泊生态效应。淹没区植被和土壤的有机物会进入库水中，上游地区流失的肥料也会在库水中积聚，库水的营养物逐渐增加，水草就会大量增加，营养物就会再循环和再积聚，于是开始湖泊的富营养化过程；河流来水中含有的泥沙逐渐在水库中沉积，水库于是逐渐淤积变浅，像湖泊一样"老化"；水库的水面面积大，下垫面改变，水分蒸发增加，会对局部地区小气候有所调节。我国学者曾对辽宁石佛寺水库的温度、湿度做过定量计算，认为石佛寺水库温度影响距离为 5 km，平均日温度影响值为 $-2.0 \sim -3.0\ ℃$，湿度变幅为 $10\% \sim 20\%$，水库水面蒸发量增加还可能增加降雨量。若增加的水汽与外来水汽加合，产生的增雨效果则更显著一些。

### 3. 社会效应

水库水坝工程都会造福一方或致富一群（人）。水力发电代替火力发电，减少 $CO_2$ 的排放量，降低温室效应，净化了空气。例如，三峡水利枢纽工程如与同等装机容量火电机组相比，三峡电站每年发出的电能相当于少消耗 5000 万吨燃煤，减排 1 亿吨二氧化碳。灌溉改变了灌区的生态条件，大多数灌区已成为鱼米之乡，显然是对生态的改善。大多数拦流闸坝枢纽形成新的生态与环境，成为区域性的景观工程。供水直接为人的生存服务，引水至村镇内，也为村镇内居民居住环境的改善起到明显的作用。带有小型水电站的拦河坝，也可起到以电代柴和以水电代火电的作用。但其另一方面更不容忽视。首先，大型水利工程往往会造成成千上万的人口搬迁，大都是因失去土地而必须迁居他乡的农民。这些人迁往哪里，会对那里的环境造成什么样的影响，他们的生计如何，往往是一个有始无终的问题。有报道称，中华人民共和国成立后兴修水利造成的移民问题真正解决好的并不是很多，有很多人在迁出一段时间后，又都回迁到原籍，于是开始没有平地就开垦坡地，没有耕地就砍伐山林的新活动方式。其结果，不仅这些人生计艰难，而且造成的水土流失等问题严重威胁水利工程的效益和安全。其次，水利工程改变区域的生产与生活方式，会使区域社会经济生活发生很大变化，如人口的更新迁移与聚集，城镇兴起与发展，土著居民生产生活发生变化等。尤其是水利工程因重新分配了用水权、用水方式，无论怎样平衡，都会是有的受益，有的受损，因此引发的社会矛盾问题有时还会十分激化。

例如，著名的阿斯旺大坝，相对于生态与环境而言，阿斯旺大坝是有着一定的积极作用的，大坝竣工之前，随着每年干湿季节的交替，沿河两岸的植被呈周期性的枯荣；而水库竣工后，原本水库周围的沙漠沿湖带在 5300 km 以上，7800 km 以下的植被区开始逐渐茂盛起来，除了有大量的野生动物被吸引过来，也促使了湖岸更加稳固，同时水库也因此受到了有效的保护，且水土保持较好。不过，20 多年后的大坝却开始呈现出了一定的隐患，且时间越久，所造成的破坏及影响越大。其所造成的环境、生态的影响以及对国家经济所造成的损失有以下几点：

①相对于流域而言，此工程使其周边土质的肥力呈现出直线下降的趋势。原本在没有此工程前，受季节性变化的河水可以促使农业在尼罗河的下游区域得到充足的肥力以

及水分，但是，大坝的落成尽管不会让农田作物出现干旱的迹象，但水库的上游有大量的泥沙淤积，下游的流域无法获取养分，因此导致土地没有充足的肥力补给而日渐劣化。

②大坝工程结束后，在尼罗河的两岸土壤呈现出盐碱化的状态。原因是没有了河水的冲击，土壤内所含有的盐分就算雨季时的河水也无法将其带走，加上地下的水位也因持续的灌溉而有所上升，地表上出现来自土壤深处的盐分也越来越多，同时灌溉的水资源中除了有一定的盐分也有较多的化学残留物，所以，最终使土壤出现盐碱化。

③以尼罗河的河水为生活用水的居民的健康因水质的变化而受到威胁。从水质和物理性质来看，大坝的修建前与修建后，其变化差异还是挺大的。水库中的水大面积蒸发只是其水质因大坝修建后所发生变化的原因之一，另外，农民因土地的肥力无法满足耕地的需求，因此用人工施肥的方式来增加土壤的肥力，而其残留化学物质有部分却在水资源的灌溉过程中被带入尼罗河内，而河内的营养度也随着氮与磷的含量上升而愈发丰富，下游河水中植物性浮游生物的平均密度增加了，由 160 mg/L 上升到 250 mg/L。此外，土壤盐碱化导致土壤中的盐分及化学残留物大大增加，既使地下水受到污染，也提高了尼罗河水的含盐量。这些变化不仅对河水中生物的生存和流域的耕地灌溉有明显的影响，而且还毒化尼罗河下游居民的饮用水。

④水生植物及藻类到处蔓延是由于河水性质的改变，不仅蒸发大量河水，还堵塞河道灌渠等。河水流量受到调节使河水浑浊度降低，水质发生变化，导致水生植物大量繁衍。这些水生植物不仅遍布灌溉渠道，还侵入主河道。它们阻碍着灌渠的有效运行，要经常性地采用机械或化学方法清理。这样，又增加了灌溉系统的维护开支。同时，水生植物还大量蒸腾水分，据埃及灌溉部估计，每年由于水生杂草的蒸腾所损失的水量就达到可灌溉用水的 40%。

⑤尼罗河下游的河床遭受严重侵蚀，尼罗河出海口处海岸线内退。大坝建成后，尼罗河下游河水的含沙量骤减，水中固态悬浮物由 1600 ppm 降至 50 ppm，浑浊度由 30～300 mg/L 降为 15～40 mg/L。河水中泥沙量减少，导致了尼罗河下游河床受到侵蚀。大坝建成后的 12 年中，从阿斯旺到开罗，河床每年平均被侵蚀掉 2 cm。预计尼罗河道还会继续变化，要再经过一个多世纪才能形成一个新的稳定的河道。由于河水下游泥沙含量减少，再加上地中海环流把河口沉积的泥沙冲走，尼罗河三角洲的海岸线不断后退。

## （二）生物效应

水利工程的生物效应有以下两方面：

一方面，水利工程对生物的影响是使建设地及上、下游的环境发生变化，部分影响或打破了原有的生态平衡，而逐渐产生新的生态平衡。这种变化具有双重性，即正面影响和负面影响。水利工程具有保护生态的替代效应。拦河闸坝建设后才出现新的深水区和浅流区，替代了原河道的深潭和浅滩，会产生新的水生生物物种；过坝水流的掺氧净水作用也有利于鱼类等水生物的生长。例如，美国科罗拉多河在修建格伦峡谷大坝后，八种本地鱼种有三种消失，但又增加另外两种新鱼种。

另一方面，水利工程无论是用于防洪、发电、供水，还是灌溉都趋于使水文过程均一化，改变了自然水文情势的年内丰枯周期变化规律，这些变化无疑影响了生态过程。首先，大量水生物依据洪水过程相应进行的繁殖、育肥、生长的规律受到破坏，失去了强烈的生命信号。例如，河流的动荡，使河水的温度和化学组成的变化，以及符合鱼类生活特性的自然生活环境和食物来源的改变，都有可能对鱼的种类、数量产生影响，某些鱼种有可能因无法适应新的环境而数目骤减。长江的四大家鱼在每年 5~8 月水温升高到 18 ℃ 以上时，如逢长江发生洪水，家鱼便集中在重庆至江西彭泽的 38 处产卵场进行繁殖。产卵规模与涨水过程的流量增量和洪水持续时间有关。如遇大洪水则产卵数量很多，捞苗渔民称为"大江"，小洪水产卵量相对较小，渔民称为"小江"。家鱼往往在涨水第一天开始产卵，如果江水不再继续上涨或涨幅很小，产卵活动即告终止。此外，某些依赖于洪水变动的岸边植物物种受到胁迫，也可能给外来生物入侵创造了机会。水库水体的水温分层现象，对于鱼类和其他水生生物都有不同程度的影响。三峡大坝下泄水流的水温低于建坝前的状况，这将使坝下游的"四大家鱼"的产卵期推迟 20 天。此外，扩大灌溉面积和输水距离，有可能使水媒性疫病传播区域扩大。

## （三）低温水对河道生态的影响

### 1. 研究概况

低温水对河道生态的影响，自 20 世纪 80 年代以来，在丹江 121 水库、新安江水电站、东江水电站都进行过回顾性评价。在三峡工程、南水北调工程等开展过预测评价。对水库水温结构判别、水库水温结构的计算已积累不少经验，研究过不少预测模型。下泄低温水对生态影响十分明显。丹江口水库下泄低温水对"四大家鱼"产卵场带来不利影响。东江水库坝下实测 7 月平均水温比建坝前降低 13 ℃，对鱼类生长繁殖不利。下泄低温水对农作物生长也不利，但对需冷却用水的工业，低温水却是一种资源。如湖南东江水库下泄低温水，用作下游鲤鱼江火电厂冷却用水，每年高温季节节约用水率高达 64%。近年来，虽然水库环评中涉及低温水的均进行了影响预测，对一些重大工程还进行了低温水的专题研究，但总的来说，目前环评中对下泄低温水影响研究还不够。模型计算具有不确定性，低温水对水生生物的影响程度无法定量，尤其是下泄低温水沿程变化计算方法不成熟，在环评中也是薄弱环节。运行期的监测方案不落实，工程建成后的验证和跟踪监测很少。

### 2. 水温恢复措施

在灌溉水库建设中解决下泄低温水影响措施采用较多，有良好成效，如江西、吉林、四川等省有些水库采用浮式表层取水，机控塔（井）式分层取水、斜卧管分层取水、机控多节筒套迭式取水等都有良好效果。在灌溉渠道上用"长藤结瓜"方式设晒水塘（池）。一般晒水塘面积为灌溉面积的 1/50~1/20，如江西抱桐水库在干渠上修建了面积为 21 000 m² 的水塘，出塘水温比入塘水温提高 6~8 ℃。对发电为主的综合利用水库，分层取水将明显损失了水头，需要各方面协调。

### 3. 建议

低温水是高坝大库不可避免的环境问题。目前主要采取分层取水减缓低温水影响。由于无法完全消除水温影响，尤其是分层取水常常与工程设计方案产生矛盾，因此要求工程人员对影响方式、影响程度有较清晰分析，为采取恢复措施提供依据和技术要求。低温水对鱼的影响研究，一是要研究清楚下游鱼类资源数量、种群类型及生理习性、栖息地分布等要求；二是水温的计算要科学可靠；三是要制定法律法规及相关技术标准，规范技术和建设管理者的保护责任。

## 三、水利工程负面效应的补偿途径

水利工程对生态的效应有两面性，但是大部分水利工程对生态的正面效应是主要的。当设计者对水利工程的负面影响不注意、不重视，没有去认真地解决，就会造成不少遗留问题。水利工程负面效应的补偿途径有两条：一条是对于已建工程，研究和开发受损水域生态修复的方法和技术；另一条是对于新建工程，研究和开发因工程建设、运行而对水生态系统造成胁迫所应采取的补偿工程措施。对于已建工程，生态水利工程技术主要针对河流生态系统的修复，而且主要是小型河流，按照技术布置的位置可分为河道修复、河岸修复、土地利用修复等。

### （一）河道修复

河道修复常采用河流治理生态工法，也称为多自然型河流治理法。生态工法就是当人们采用工程行为改造大自然时，应遵循自然法则，做到"人水和谐"，是一种"多种生物可以生存、繁殖的治理法"。该方法以"保护、创造生物良好的生存环境与自然景观"为建设前提，但不是单纯的环境生态保护，而是在恢复生物群落的同时，建设具有设定蓄泄洪水能力的河流。

## （二）河岸修复

河岸修复主要采用土壤生物工程技术。它按照生态学自生原理设计，采用有生命力植物的根、茎（枝）或整体作为结构的主体元素，通过排列插补、种植或掩埋等手段，在河道坡岸上依据由湿生到水生植物群落的有序结构实施修复。在植物群落生长和建群过程中，逐步实现坡岸生态系统的动态稳定和自我调节。例如，深圳市西丽水库以入库受损河流生态系统为对象，在确保河岸力学稳定性的前提下，对河流护岸工程结构进行生态设计，修复创建与生态功能相适应的河岸植物群落结构，并对其恢复动态进行连续跟踪观测和评价。研究表明，构建后的实验河流河岸植被得到了良好的恢复。经过两年的演替后，与对照区相比，实验河流河岸植物群落的物种数和生物多样性有了很大的提高，其物种数新增加了十四种，而对照区仅增加了四种；实验区的植被覆盖率增加到95%以上，而对照区仅为55%。

土壤生物工程是集现代工程学、生态学、生物学、地学、环境科学、美学等学科为一体的工程技术，应用时应注意研究以下两方面：

①影响边坡稳定性的地质、地形、气候和水文条件等自然因素及适宜的坡面加固技术。

②不同地区和地点边坡乔灌草种的最佳组合及可能限制或促进植物工程物种存活的生物和物理因素，以建立稳定的坡面植物群落。

## （三）土地利用修复

土地利用修复主要采用植被恢复技术。植被恢复技术主要是指在因水利工程建设活动再塑的地段及其他废弃场地上，通过人为措施恢复原来的植物群落，或重建新的植物群落，以防止水土流失的水土保持植物工程。植被恢复技术包括以下两方面：

①要注重植被恢复场所的立地条件分析评价。立地条件是指待恢复植被场所所有与植被生长发育有关的环境因子的综合，包括气候条件（太阳辐射、日照时数、无霜期、气温、降水量、蒸发量、风向和风速等）、地形条件（海拔、坡向、坡度、坡位、坡形等）

和地表组成物质的性质（粒级、结构、水分、养分、温度、酸碱度、毒性物质等）。立地条件的分析评价可为植物生长限制性因子的克服和制定相应的措施提供科学依据。

②植物种选择。植被恢复技术的关键环节是植物种选择，应从生态适应性、和谐性、抗逆性和自我维持性等方面选择适合于当地生长的植物种。

从生态系统安全、亲水和景观等多视点系统地研究水生态修复技术，已经成为水利学和生态学研究者必须共同面对的重要课题。与国外相比，我国的河流生态修复常常忽视对受损河岸植被群落和河流生态系统结构、功能的修复，以及对修复过程中的生态学过程和机制研究，探索基于水利学与生态学理论的水生态修复理论与技术是今后的重要发展趋势。例如，研究水文要素变化对生物资源的影响机制。在宏观上对比长时间和大空间跨度的水文要素变化和生物资源的消长规律，研究水利工程建设所造成的水文情势变化及泥沙冲淤变化的程度和方式及其对生物资源的影响；微观则根据不同生物对水力学条件的趋避特点，研究水利工程建设所形成的水力学环境（流速、流态、坝下径流调节等）对重要生物资源的影响，探讨水利工程作用与重要生物资源的生态水文学机制。

我国水生态修复的一个重要发展方向是流域生态修复。流域是一个完整的水循环系统，生态修复需要水，合理的水资源配置有助于生态修复；同时不考虑生态的水工程建设和流域水资源配置，又极易导致区域生态系统恶化，造成某一地区相对干旱或少水、地下水位下降、湿地消失、湖泊萎缩、植物干枯等。因此，从流域的空间尺度开展水生态的修复，综合考虑流域水、土、生物等资源，把生态修复、水工程建设、水资源配置紧密结合起来，是我国水生态修复的发展方向。进一步地，还应该注意到生态修复在一定时间和空间上对人类心理生态、社会生态、文化生态、经济生态等更深层次上的作用和影响，需要工程技术人员和管理人员共同协作，达到水生态恢复的良好效果。

对于在建工程，不仅仅限于因项目建设对自然环境所产生的破坏影响进行补偿与修复，还包括以保护为主的所有缓解生态影响的措施。其补偿措施应该贯彻于建设项目的立项和规划、设计、施工和运行这四个过程。

### 1. 建设项目的立项和规划

在建设项目的立项和规划阶段，停止建设项目的全部内容或部分内容，以回避对生态系统整体影响的可能性，称为"回避"。例如，为了达到防洪的目的，不一定需要建坝，可以采用设立行洪区和滞洪区或拓宽河道等方法。即使需要建坝，在有多条支流或多个地点可以作为坝址选择时，应当逐条河流和逐个地点对建坝后的生态影响进行评价，选择影响最小的河流和河流中的某一断面筑坝。在同一河流进行梯级开发，除了考虑水能的最大利用价值，也要考虑梯级电站之间河道潜在的自然恢复能力，在梯级电站之间留有充裕的河段使水生生物休养生息。

## 2. 建设项目的设计

在建设项目的设计阶段，将受到工程影响的环境或水生生物栖息地通过工程措施进行"补偿"或将其置换到其他地方，以此来代替和补偿所受到的影响。例如，为了减轻冷水下泄，将单层进水门设计成多层进水门，使不同温层的水体混合后再泄至下游。为了补偿大坝对洄游通道的阻隔影响，应增加鱼道、鱼梯或升鱼机等附属设施。通过研究鱼类产卵场的生境条件，可将原有的鱼类产卵场置换到生境条件相似的河段。

## 3. 建设项目的施工阶段

在建设项目的施工阶段，把工程建设对生态的影响"最小化"或进行"矫正"，称为"减轻"。对因水利工程建设而遭受影响的环境进行修正、修复，从而使环境恢复的行为，称为"修复"。我国溪洛渡水电站在建设施工道路时采用隧洞、垂直挡土墙等，使地表植被的破坏程度最小化；对于库区及其建筑物造成的自然生态永久性破坏，则在其周边地区恢复自然，形成比建坝前更丰富、更高质量的生态环境。为了减轻工程施工的影响，尽可能采用先进的施工工艺。如江苏常州防洪工程浮体闸采用工厂建造、水上浮运、现场拼装和水下混凝土施工等工艺，减轻对闸址处周边生态环境的影响。

## 4. 建设项目的运行阶段

在建设项目的运行阶段，通过改善水利工程调度来避免和挽回工程对自然环境和河滨社区的潜在危害，修复已丧失的生态功能或保持自然径流模式，称为"生态补偿"。该方式中通过确立扩大坝建设与水库（电站）运行的基本生态准则，包括最小下泄生态流量确定的理论与方法，建立适应河流生态恢复的生态水文调度，以及基于生态水文与工程调度相结合的新型水库调度准则等，防止河道萎缩和生态退化以及库区的淤积等。

[1] 陈功磊，张蕾，王善慈. 水利工程运行安全管理 ［M］. 长春：吉林科学技术出版社，2022.

[2] 王增平. 水利水电设计与实践研究 ［M］. 北京：北京工业大学出版社，2022.

[3] 赵长清. 现代水利施工与项目管理 ［M］. 汕头：汕头大学出版社，2022.

[4] 张晓涛，高国芳，陈道宇. 水利工程与施工管理应用实践 ［M］. 长春：吉林科学技术出版社，2022.

[5] 褚峰，刘罡，傅正. 水文与水利工程运行管理研究 ［M］. 长春：吉林科学技术出版社，2022.

[6] 朱卫东，刘晓芳，孙塘根. 水利工程施工与管理 ［M］. 武汉：华中科技大学出版社，2022.

[7] 常宏伟，王德利，袁云. 水利工程管理现代化及发展战略 ［M］. 长春：吉林科学技术出版社，2022.

[8] 潘晓坤，宋辉，于鹏坤. 水利工程管理与水资源建设 ［M］. 长春：吉林人民出版社，2022.

[9] 丁亮，谢琳琳，卢超. 水利工程建设与施工技术 ［M］. 长春：吉林科学技术出版社，2022.

[10] 宋宏鹏，陈庆峰，崔新栋. 水利工程项目施工技术 ［M］. 长春：吉林科学技术出版社，2022.

[11] 赵黎霞，许晓春，黄辉. 水利工程与施工管理研究 ［M］. 长春：吉林科学技术出版社，2022.

[12] 李战会. 水利工程经济与规划研究 ［M］. 长春：吉林科学技术出版社，2022.

[13] 白洪鸣，王彦奇，何贤武. 水利工程管理与节水灌溉 ［M］. 北京：中国石化出版社，2022.

[14] 魏永强. 现代水利工程项目管理 ［M］. 长春：吉林科学技术出版社，2021.

[15] 张长忠，邓会杰，李强．水利工程建设与水利工程管理研究［M］．长春：吉林科学技术出版社，2021．

[16] 夏祖伟，王俊，油俊巧．水利工程设计［M］．长春：吉林科学技术出版社，2021．

[17] 廖昌果．水利工程建设与施工优化［M］．长春：吉林科学技术出版社，2021．

[18] 赵静，盖海英，杨琳．水利工程施工与生态环境［M］．长春：吉林科学技术出版社，2021．

[19] 宋秋英，李永敏，胡玉海．水文与水利工程规划建设及运行管理研究［M］．长春：吉林科学技术出版社，2021．

[20] 吴淑霞，史亚红，李朝琳．水利水电工程与水资源保护［M］．长春：吉林科学技术出版社，2021．

[21] 张燕明．水利工程施工与安全管理研究［M］．长春：吉林科学技术出版社，2021．

[22] 谢金忠，郑星，刘桂莲．水利工程施工与水环境监督治理［M］．汕头：汕头大学出版社，2021．

[23] 曹刚，刘应雷，刘斌．现代水利工程施工与管理研究［M］．长春：吉林科学技术出版社，2021．

[24] 李登峰，李尚迪，张中印．水利水电施工与水资源利用［M］．长春：吉林科学技术出版社，2021．

[25] 唐荣桂．水利工程运行系统安全［M］．镇江：江苏大学出版社，2020．

[26] 程令章，唐成方，杨林．水利水电工程规划及质量控制研究［M］．文化发展出版社，2020．

[27] 唐涛．水利水电工程［M］．北京：中国建材工业出版社，2020．

[28] 严力蛟，蒋子杰．水利工程景观设计［M］．北京：中国轻工业出版社，2020．

[29] 贾志胜，姚洪林．水利工程建设项目管理［M］．长春：吉林科学技术出版社，2020．

[30] 薛向欣，马兴冠．污水处理与水资源循环利用［M］．北京：冶金工业出版社，2020．

[31] 李骚，马耀辉，周海君．水文与水资源管理［M］．长春：吉林科学技术出版社，2020．